Felix Thönnessen

Arbeitsbuch Start-up

Das 7-Stufen-Programm

REDLINE | VERLAG

Bibliografische Information der Deutschen Nationalbibliothek
Die Deutsche Nationalbibliothek verzeichnet diese Publikation in der Deutschen Nationalbib-
liografie. Detaillierte bibliografische Daten sind im Internet über http://dnb.d-nb.de abrufbar.

Für Fragen und Anregungen:
lektorat@redline-verlag.de

1. Auflage 2016

© 2016 by Redline Verlag, ein Imprint der Münchner Verlagsgruppe GmbH,
Nymphenburger Straße 86
D-80636 München
Tel.: 089 651285-0
Fax: 089 652096

Redaktion: Monika Spinner-Schuch, Bad Aibling
Umschlaggestaltung: Melanie Melzer, München
Umschlagabbildung: Konrad Kaczmarzyk/shutterstock.com
Illustrationen: Dennis Pütz
Satz: inpunkt[w]o, Haiger
Druck: Graspo CZ, Tschechische Republik
Printed in the EU

ISBN Print 978-3-86881-646-4
ISBN E-Book (PDF) 978-3-86414-919-1
ISBN E-Book (EPUB, Mobi) 978-3-86414-918-4

Weitere Informationen zum Verlag finden Sie unter

www.redline-verlag.de

Inhalt

Ein nettes Vorwort

Herzlich willkommen, Start-up-Freunde, willkommen auf unserer gemeinsamen Reise zu Ihrer Gründung. Ich möchte Sie gerne kurz begrüßen. Warum? Weil wir einen spannenden Weg zusammen gehen. Was das Ziel des Weges ist? Na, Ihr eigenes Start-up. Ob uns das gelingt? Das liegt an Ihnen. Ich weiß, das klingt, als würde ich die Verantwortung bereits im Vorwort abgeben, aber glauben Sie mir: Nach vielen Gründungen, die ich begleitet habe, weiß ich eins ganz genau: Sie sind das Herzstück, ich bin aber gern Ihr Schatten. Bis Sie so schnell und sicher sind wie der Wild-Western-Held Lucky Luke und schneller als Ihr Schatten schießen können. Wenn Sie nicht wissen, wer Lucky Luke ist, dann sind Sie entweder jünger als ich oder wollten als Kind lieber Indianer sein – bitte nachschlagen.

Doch jetzt genug der warmen Worte. Sie wollen wissen, was ein Arbeitsbuch überhaupt ist und was es Ihnen bringt. Wie bin ich auf die Idee gekommen, dieses Buch zu schreiben? Ich baue eine kleine Brücke: Nachdem ich mein Buch *Erfolgreich Unternehmen gründen* im Rahmen der Sendung *Die Höhle der Löwen* auf VOX veröffentlicht habe, bin ich eine Runde durch unsere örtliche Buchhandlung geschlendert und habe mir fast jedes Buch zum Thema Existenzgründung angeschaut. Was mir dabei aufgefallen ist? Viele Bücher bestehen nur aus Text, der erklärt, wie A zu B kommt und B zu C. Das ist auch grundsätzlich gut so, aber etwas hat mir gefehlt. Wenn ich an die Start-ups denke, die ich in den letzten Jahren beratend begleitet habe, brauchten die meisten Gründer mehr Unterstützung als reinen Text. Also, Problem erkannt und auf in den Kampf. Ich möchte Ihnen nicht nur ein paar Weisheiten mitgeben, sondern mit Ihnen gemeinsam arbeiten. Beziehungsweise nicht nur arbeiten, sondern zusammen mit Ihnen erarbeiten, wo genau Sie hinwollen. Damit Sie Ihr Ziel genau vor Augen haben, mögliche Fehltritte umgehen und einen geraden Weg ohne Hindernisse zu Ihrem Wunsch-/Traum-Start-up gehen. Dieses Arbeitsbuch beinhaltet also Tools und Denkanstöße, die für Ihre Gründung notwendig sind. (Auch wenn »Arbeitsbuch« nicht wirklich sexy klingt – das ändern wir.)

Was erwartet Sie also? Ich möchte auf den folgenden Seiten mit Ihnen gemeinsam die wichtigsten Stufen auf dem Weg zu Ihrer Existenzgründung gehen. Dazu habe ich den Weg in sieben Stufen eingeteilt. Sie dürfen es auch gerne sieben Punkte oder Schritte nennen – alles erlaubt. Wir machen also sieben Zwischenstopps bis zu Ihrem Ziel. Warum genau sieben? Wenn ich Ihnen jetzt sagen würde, dass Sieben meine Lieblingszahl ist, klänge das ein wenig unprofessionell. Also sind es eben sieben Stufen, weil das überschaubar ist und wir vor allem eins im Auge behalten wollen: unser gemeinsames Ziel.

Diese sieben Stufen habe ich ganz bewusst gewählt. Natürlich gibt es keine hochwissenschaftliche Vorlage, aber die brauchen wir auch nicht. Jeder dieser Punkte wird Ihnen neue Informationen liefern und am Ende formen alle Punkte zusammen einen Businessplan. Ein Businessplan ist nämlich nichts anderes als die Summe aller relevanten Informationen, und genau den brauchen Sie nachher für Banken, Investoren und natürlich für sich selbst.

Wir fangen bewusst mit Ihnen an und schalten also ein wenig auf Egozentrismus. (Ein tolles Wort, Herr Autor!) Sie sind nicht nur das Herzstück, sondern auch die Lokomotive Ihres Start-ups. Nachdem wir das erledigt haben, beschäftigen wir uns mit Ihrer Idee. Sie haben noch keine? Kein Problem, dann entwickeln wir gemeinsam eine. In den folgenden fünf Kapiteln werden wir uns mit organisatorischen Dingen, Ihrem Markt, dem Marketing und allen anderen wichtigen Dingen befassen. Die harte Nuss zum Schluss heißt dann Finanzierung, die heben wir uns für den Schluss auf. Dann haben Sie schon ein paar Wunderwaffen an der Hand.

Was mir an dieser Stelle wichtig ist: Das Buch soll Ihr ständiger Begleiter sein – quasi wie ein Tagebuch soll es Ihnen helfen, alles Wichtige bei sich zu tragen. Gerade darum haben wir uns dazu entschieden, Ihr neues Lieblingsbuch in einen festen Umschlag zu packen, das hält einfach länger. Wir wollen hier schließlich arbeiten. In jeder der sieben Stufen gebe ich Ihnen Informationen an die Hand, mit denen Sie loslegen können – quasi eine Art Appetizer. Zusammen gehen wir die einzelnen Schritte an und kämpfen uns durch die wichtigsten Punkte. Kämpfen soll nicht klingen, als wäre es harte Arbeit. Es soll kreativ, motivierend und hilfreich sein sowie vor allem Spaß machen, das eigene Unternehmen aufzubauen und wachsen zu sehen. Messen Sie mich gerne daran. Das Ganze sieht dann am Ende so aus:

Jede Stufe bekommt ein wunderschönes Symbol. So sehen Sie auch gleich, wo wir uns gerade befinden.

Ach ja, das Buch hat nicht ohne Grund einen roten Buchfaden. Der rote Faden soll sich auch durch Ihre Planung ziehen. So finden Sie wichtige Stellen schneller und behalten jederzeit einen klaren Überblick. Oder Sie drehen den Faden um Ihren Finger, wenn Sie einmal nicht weiterwissen. Also auf in den Kampf – wir zwei haben viel vor.

Ich weiß, Sie sind keine zwölf Jahre alt mehr und verbringen Ihre Freizeit norma-lerweise nicht mit Basteln, Kritzeln und Malen. Wenn ich Ihnen eine bestimmte Aufgabe stelle, ist diese natürlich kein Muss für Sie. Aber ich verspreche Ihnen, wenn Sie sich darauf einlassen, kommen Sie Ihrem Traum der Existenzgründung ein großes Stück näher. Deal?

Übrigens habe ich begleitend zum Buch auch einen Videokurs aufgebaut. Unter *www.team.coach-felix.de* finden Sie zu jeder Stufe ein eigenes Video und können sich noch mehr Support holen.

Damit ich weiß, mit wem ich zusammenarbeite, würde ich gerne Ihren Namen erfahren:

(Quasi Ihre erste Aufgabe – sollte machbar sein.)

Übrigens können Sie auch gleich ganz am Ende des Buches die wichtigsten Da-ten eintragen (»Alles auf einen Blick«). Dann haben Sie noch mehr Übersicht.

Ihr

Felix Thönnessen

STUFE I

»Der Mann mit einer neuen Idee ist ein Spinner,
bis diese sich als erfolgreich erweist.«

Mark Twain

Stufe 1: Spieglein, Spieglein an der Wand

Haben Sie das »nette Vorwort« gelesen? Nein? Dann bitte einen Schritt zurück. Schummeln gilt nicht.

Ich habe Ihnen erzählt, dass Sie eine Lokomotive sind. Ich würde gerne noch ein bisschen mit diesem Symbol spielen. (Gewöhnen Sie sich bitte daran, dass ich viel mit Symbolen arbeite.) Ich hoffe, Sie mögen Lokomotiven. Wenn Sie Lokomotiven nicht mögen, denken Sie sich ein anderes Symbol aus. Was macht eine Lokomotive aus? Oder besser: Was braucht sie, um richtig Kraft auf die Schienen zu bringen? Na klar, Kohle. (Mir ist bewusst, dass neuere Schienenfahrzeuge sicher nicht mehr mit Kohle fahren, aber ich denke, Sie verstehen, was ich meine.) Was brauchen Sie für Ihr Start-up? Denken Sie einmal kurz nach. Und? Was treibt Sie an? Der Antrieb ist das, was den Unterschied zwischen Erfolg und Misserfolg ausmacht.

Ja, Sie haben richtig gelesen. Das böse Wort »Misserfolg«. Lassen Sie sich bitte nicht davon abschrecken und werfen Sie das Buch nicht in den nächsten Fluss. Ich kann Ihnen bei der Gründung helfen, aber Misserfolge leider nicht verhindern – schließlich bin ich nicht Superman. Misserfolge werden passieren und Ihre Lok aus der Fahrbahn drängen. Wer die Misserfolge nicht kennt, ist nicht vorbereitet, wenn es wirklich dazu kommt.

Es geht um ... Sie

Bei Gesprächen mit Gründern habe ich oft nach kurzer Zeit das Gefühl zu wissen, ob die geplante Gründung erfolgreich sein wird oder nicht. Das liegt nicht an der Idee, nicht am Kapital oder daran, dass ich hellsehen kann. Nein, das liegt allein am Gründer selbst. Das Glänzen in den Augen, wenn jemand von seiner Idee erzählt, oder wenn man während des Gespräches Lust bekommt mitzugründen, das ist unbeschreiblich. Was ist Ihr Antrieb, was wollen Sie mit Ihrer Gründung für sich ganz persönlich erreichen? Das würde ich gerne erfahren und das sollten Sie definitiv aufschreiben. Egal ob Geld verdienen oder unabhängig sein – alles ist erlaubt. Sie dürfen auch gern ein bisschen mehr schreiben. Wenn Sie lieber etwas auf die Linien malen wollen, bitte schön. Hier, ich mache Ihnen ein bisschen Platz dafür.

Mein Antrieb:

- Unabhängigkeit
- Selbstbestimmung
- Am Ende auch Gut Geld verdienen
- Meinen Seelenauftrag erfüllen
- etwas aufbauen, Erfolg haben mit etwas was uns glücklich mac...

Geschafft? Ich weiß, Sie müssen sich sicher erst ein bisschen an diese Zusammenarbeit gewöhnen, aber glauben Sie mir, sie wird Früchte tragen. Bei mir war der Antrieb vor allem »unabhängig sein«. Klar, ein Angestelltenverhältnis bringt viele Vorteile, aber der Traum, etwas Eigenes aufzubauen, war für mich der größte

Antrieb. Der erste Tag im eigenen Büro – Gänsehaut. (Auch wenn niemand angerufen hat.) Ich will bestimmte Situationen nicht missen und freue mich heute umso mehr, diese Entscheidung getroffen zu haben. Manchmal zahlt sich Ihre Arbeit erst Jahre später aus. Sie müssen nur genug Geduld haben und an sich glauben. Daran glauben, dass Sie irgendwann auf den Start zurückblicken und sich darüber freuen, genau diesen Weg gegangen zu sein.

Den Weg zu kennen spielt dabei eine ebenso große Rolle, wie das Ziel zu kennen. Wie stellen Sie sich Ihren Weg vor? Steinig und lang oder kurz und schmerzlos? Ich habe Start-ups kennengelernt, die durchweg kämpfen mussten, und wieder andere, denen der Erfolg förmlich in den Schoß gefallen ist. Was ich in diesem Kontext sehr wichtig finde, ist zu wissen, was für Sie überhaupt Erfolg ist. Also, wie Sie selbst den Begriff »Erfolg« definieren. Wann würden Sie sagen, dass Sie erfolgreich sind? Könnten Sie mir das hier einmal beantworten?

Meine Definition von Erfolg:

- Auf großen Bühnen sprechen können
- über 2000 € am Tag /pro Vortrag bezahlt bekommen
- 1.000.000 € im Jahr umsetzen
- 3 Wochen verreisen können

Wichtig: Erfolg ist hier nicht gleichzusetzen mit Antrieb; Erfolg ist vielmehr der Blick auf das Resultat der getanen Arbeit. Es ist schwer zu wissen, ob man Erfolg hat, wenn man diesen vorher nicht für sich definiert. Eine Zeitangabe gibt es erst mal nicht, sondern es geht zunächst um das große Ganze. Was haben Sie aufgeschrieben? Was macht für Sie Erfolg aus? Ich habe bei mir »mehr Spaß« eingetragen. Das klingt vielleicht seltsam, aber genau darum geht es mir. Meine Motivation soll für mich dazu führen, dass ich die Dinge tun kann, auf die ich wirklich Lust habe, und eben solche lasse, die mir nicht so viel Spaß machen. »Das Leben genießen« hätte auch ganz gut gepasst. Natürlich können Sie auch als Erfolgsdefinition »reich werden« eintragen, vielleicht sind Sie dann irgendwann ein zweiter Dagobert Duck. Letztendlich müssen Sie für sich selbst entscheiden, wie Ihr persönlicher Erfolg aussehen soll. Schließlich werden Sie nach der Gründung Ihres eigenen Start-ups täglich auf diesen Erfolg hinarbeiten. Setzen Sie Ihre Ziele nicht zu hoch. Wer klein baut, ist schneller fertig. Ja, richtig. Auch ein Wochenziel kann glücklich machen. Von Ziel zu Ziel können Sie die Vorstellung von Erfolg verändern, um irgendwann bereit zu sein, Ihren persönlichen Erfolg anzustreben. Kriegen Sie das hin? Bestimmt.

Bevor wir wirklich loslegen, sollten Sie sich intensiv mit sich selbst auseinandersetzen. Keine Sorge, wir tanzen weder um einen Baum noch werde ich mit Ihnen psychosoziale Zusammenhänge erörtern. Aber ein Blick in den Spiegel hilft. Also, Spieglein, Spieglein an der Wand ...

Neben Ihrem Antrieb spielen Sie als Person eine wichtige Rolle. Eigentlich sogar die entscheidende. Es gibt von Mark Twain ein schönes Zitat: »Der Mann mit einer neuen Idee ist ein Spinner, bis diese sich als erfolgreich erweist.« (Ach ja, steht vorne ja schon.)

Mir ist bewusst, dass hier »Mann« steht, bitte vergeben Sie mir, das Zitat ist ja nicht von mir. Sie werden neben aufmunternden Worten auch Widerstand gegen Ihr Vorhaben verspüren. Manchmal sogar so viel, dass Sie das Gefühl haben, es am besten gleich sein lassen zu können. Vielen Gründern, die ich kennenlernen durfte, machen Widerstände sehr zu schaffen. Aber woher kommt dieser Gegenwind? Nun, zum Teil sind es solche Menschen, die eigentlich Ihr Bestes wollen, die Sie vor Fehlern schützen möchten und tiefe Empathie empfinden. Zum anderen Teil aber auch solche, die alles andere als Ihr Bestes wollen, die von Neid geplagt oder von Missgunst getrieben sind. Dies zu unterscheiden ist manchmal gar nicht so einfach, denn die Reaktionen sind oft sehr ähnlich: »Hast du wirklich darüber nachgedacht? Vielleicht lässt du es lieber.« Kennen Sie solche Einwände? Ich glaube, niemand hat nur Unterstützer, und das ist auch gut so. Warum? Weil Sie genau diese Einwände brauchen, um langfristig erfolgreich zu sein. Schauen Sie sich diese Einwände genau an und versuchen Sie, diesen auf den Grund zu gehen. Nur so können Sie sie beheben und dadurch noch gefestigter auftreten. Fangen wir doch ganz einfach an. Schreiben Sie hier drei negative Kommentare Ihrer Mitmenschen auf, die Sie gehört haben, wenn Sie mit jemandem über Ihre Idee oder den Wunsch zu gründen gesprochen haben. Und was fast noch wichtiger ist: Notieren Sie, was Sie dem entgegnen können.

Was sagen die anderen?

Kommentar 1	Kommentar 2	Kommentar 3
Selbständigk. ist unsicher	*Wer haut den ge dir.*	*Was ist, wenn es scheitert?*
Meine Erwiderung	Meine Erwiderung	Meine Erwiderung
Stimmt nicht, wenn man vorbereitet wird es sicher.	*Aber die nütze werden wollen*	*Dann mache ich es nochmal, diesmal größer.*

Am Ende des Buches können Sie diese Liste noch einmal durchlesen und sich mit Ihrer eigenen Geschäftsidee das Gegenteil beweisen.

Ich werde oft gefragt, welche Fähigkeiten einen guten Existenzgründer ausmachen. Ich könnte und würde Ihnen jetzt gerne die fünf oder zehn wichtigsten Eigenschaften aufzählen. Dann könnten Sie diese mit Ihren Eigenschaften abgleichen und schon wüssten Sie, ob Sie erfolgreich sein werden oder nicht. Leider – und das haben Sie sich bestimmt schon gedacht – geht das nicht ganz so einfach. Aber da wir einen praktikablen Anspruch haben, wollen wir etwas Verwertbares aufbauen. Also, welche Eigenschaften hat der Super-Gründer? In meinem ersten Buch habe

ich diesen immer »Super-GoG« genannt, als Abkürzung für Super-Gründerin oder
-Gründer. Nicht, dass mir hier noch jemand auf die Palme steigt, wenn ich nicht
beide Geschlechter anspreche. Bleiben wir also bei dieser Begrifflichkeit.

Bevor ich Ihnen von meinen Erfahrungen mit den verschiedenen Gründertypen berichte, würde ich gerne mehr von Ihren Fähigkeiten erfahren. Richtig, es ist Zeit für
ein bisschen Arbeit. Ich möchte, dass Sie in sich gehen und darüber nachdenken,
welche Fähigkeiten Sie persönlich mitbringen, die Ihnen bei Ihrer Existenzgründung
hilfreich sein können und dann hoffentlich auch sein werden. Wir sammeln gemeinsam fünf dieser Eigenschaften. Wenn Sie mehr finden, quetschen Sie diese dazwi-
schen, wenn es weniger sind, lassen Sie es lieber mit der Gründung. (Nein, natürlich nicht.) Neben dem reinen Aufzählen finde ich die Begründung hilfreich. Nur
aufschreiben kann ja jeder, es geht vielmehr darum, die Merkmale zu begründen.
(Ich würde sonst einfach sagen, dass ich ein toller Fallschirmspringer bin – ohne je-
mals gesprungen zu sein.) Ein Beispiel wäre etwa: »Durchhaltevermögen – weil ich
schon immer schwierige Situationen wie meine Seepferdchenprüfung durchgestan-
den und überwunden habe. Da muss man eine Bahn am Stück schwimmen und
reißt sich halt mal für 50 Meter zusammen.« Nun, welche fünf Eigenschaften bringen Sie mit, die Sie für eine Gründung qualifizieren, und wie begründen Sie diese?

Meine Top-5-Fähigkeiten, um ein Super-GoG zu werden:

Top I	Top II	Top III	Top IV	Top V
Fleiß	*Ideen*	*Rampensau*	*Kommunikation*	*Tiefe*
Meine Begründung	Meine Begründung	Meine Begründung	Meine Begründung	Meine Begründung
(handschriftlich)	*(handschriftlich)*	*(handschriftlich)*	*(handschriftlich)*	*(handschriftlich)*

Geschafft? Ich hoffe, Sie ächzen jetzt nicht. Ich versuche, es so angenehm wie möglich für Sie zu halten. Sie können sich als Belohnung gerne eine Limonade holen oder ein Stück Schokolade naschen, aber kommen Sie bitte schnell wieder. Schauen wir uns mal Ihre fünf Fähigkeiten an. Wie schwer ist es Ihnen gefallen, die Punkte einzutragen? Ich finde das nicht so einfach, weil es einen großen Pool an Fähigkeiten gibt. Und dabei muss man auch noch unterscheiden, welche Fähigkeiten man tatsächlich hat und welche man nur gerne hätte. (Stichwort »Fallschirmspringer«.)

Ich berichte Ihnen mal von einer meiner Fähigkeiten, vielleicht hilft Ihnen das auch zu erkennen, wo ich hinwill. (Da es eigentlich um Sie geht, halte ich mich kurz.) Ich glaube, eine Fähigkeit, die mir in den letzten Jahren sehr geholfen hat, ist Motivationsfähigkeit. Ich weiß, das klingt abgegriffen, aber ich meine das ernst. Es gab viele Momente, in denen ich ohne diese Motivation stehen geblieben wäre oder mehr noch: Ich hätte aufgegeben. Motivation ist mein Antrieb und der Grund, warum ich vielleicht überhaupt diese Zeilen schreibe. Wie ein kleiner Hamster im Rad, der unaufhörlich in seinem Rad läuft und alles antreibt. (Und irgendwann dann tot umfällt – sehr gut, Herr Thönnessen!)

Werfen Sie noch mal einen Blick auf Ihre Eigenschaften und überlegen Sie genau, wie Sie sich diese Eigenschaften zunutze machen können. Können Sie mehr arbeiten als andere? Können Sie besonders gut zuhören? Oder sind Sie einfach ein offener Mensch, der gut auf andere zugehen kann? Bleiben Sie bei Ihren Fähigkeiten oberflächlich. Es geht nicht darum, dass Sie besonders gute Mathekenntnisse vorweisen und in der Schule immer zu den Topschülern gehörten. Auch die Freude am Kontakt zu Fremden ist eine sehr hilfreiche Fähigkeit. Genau diese persönlichen Eigenschaften sollten Sie sich zunutze machen, vielleicht liegt hier Ihr persönlicher USP. Was ein USP ist? Das verrate ich an dieser Stelle noch nicht.

Zwei Dinge, die ich noch vergessen habe: Erstens: Vielleicht schreiben Sie lieber mit einem Bleistift in das Buch, das kann helfen. (Entschuldigen Sie den späten Hinweis.) Zweitens: Zwischendurch gibt es neben den Aufgaben auch Tipps von mir. So einen zum Beispiel:

Ziele und Strategien sind das Grundgerüst für Ihren Erfolg. Manche Strategien wirken oft, als seien sie schwer in die Tat umzusetzen. Ich gebe Ihnen hier KISS mit auf dem Weg. KISS – das bedeutet so viel wie »Keep it simple and stupid«. Stellen Sie alle Ihre Maßnahmen so einfach wie möglich dar, damit auch jeder in Ihrem Team damit arbeiten kann.

Das passt übrigens auch wunderbar zu Ihren Fähigkeiten. Auch hier sollten Sie nicht zu lange nachdenken, sondern das aufschreiben, was Ihnen in den Sinn kommt.

Nachdem wir uns mit Ihren Fähigkeiten beschäftigt haben, die Ihnen den Start in eine erfolgreiche Selbstständigkeit erleichtern, wollen wir einen Blick auf die Dinge werfen, die es Ihnen vielleicht schwerer machen werden. Ich verwende hier bewusst nicht den Begriff »Schwächen«, vielmehr geht es darum, Eigenschaften zu erkennen, die zukünftig berücksichtigt werden müssen.

Henry Ford hat einmal gesagt, dass er es ablehnt anzuerkennen, dass es Unmöglichkeiten gibt. Dem kann ich leider nicht zustimmen. Mir ist bewusst, mit wem ich mich hier anlege, aber es gibt solche Unmöglichkeiten, die in Bereichen liegen, die Sie nicht beeinflussen können, und auch solche, die vielleicht in Ihren Fähigkeiten begründet liegen. Beispiele? Gerne. Bei einem erfolgreichen Start-up geht es um den Verkauf von Produkten. (Damit wäre auch geklärt, dass der Weihnachtsmann nicht der bekannteste Existenzgründer der Welt ist, oder doch?) Was aber tun, wenn Sie Vertrieb und Verkauf nicht mögen oder eher introvertiert und schüchtern sind? Dann haben Sie definitiv ein Problem oder nennen wir es Herausforderung. Das soll aber keine Abschreckung für Sie sein, denn auch die größten Unternehmer unserer Zeit werden anfangs Probleme gehabt haben. Wie es so schön heißt: Es ist noch kein Meister vom Himmel gefallen.

Sie brauchen vielleicht gleich zu Beginn jemanden, der den Vertrieb übernimmt und für Umsatz sorgt. Wenn ich so darüber nachdenke, ist das nicht zwangsläufig unmöglich und der nette Herr Ford hat doch nicht so unrecht. (Zumindest in diesem Beispiel.)

Also mein lieber Leser, meine liebe Leserin, welche Eigenschaften haben Sie, die eventuell zu Herausforderungen führen und das Super-GoG-Dasein erschweren? Hiervon brauchen wir derer aber nur drei. (Weil die Stärken dann 5 : 3 gewinnen.) Bitte nur solche, die in Ihnen begründet liegen. »Kein Geld« gehört somit nicht dazu. Auch wenn es ein wenig persönlich wird, würde ich gerne den Hintergrund dazu erfahren – quasi auch hier die Begründung.

Meine Herausforderungen:

Herausforderung I	Herausforderung II	Herausforderung III
Der Hintergrund	Der Hintergrund	Der Hintergrund

Werfen wir gerne mal einen Blick auf die drei Herausforderungen. Was haben Sie aufgeschrieben? Sind Ihnen drei Dinge eingefallen? Auch hier gebe ich Ihnen gerne ein Beispiel von mir. Trotz meiner Motivation bin ich manchmal ein wenig zu zurückhaltend, vielleicht sogar schüchtern. Vielleicht denken Sie jetzt: »Mein Gott, hat dieser Mensch Probleme.« Aber um es ehrlich zu sagen: Das hat gerade zu Beginn meiner eigenen Gründung oft zu Herausforderungen geführt. In den ersten Terminen oder bei den ersten Veranstaltungen war ich eher zurückhaltend. Das hat dazu geführt, dass ich weniger wahrgenommen wurde, als es mir lieb war. Erst mit der Zeit habe ich für mich erkannt, dass es nichts zu verlieren gibt und die anderen auch nur Nutella zum Frühstück essen. Meine roten Hosenträger haben mir dabei geholfen. Welche Rolle diese roten Hosenträger für mich spielen, habe ich im ersten Buch erzählt. Noch nicht gelesen? Dann aber los. Das nennt man übrigens Cross-Selling.

Wir haben uns mit Ihnen, Ihrem Antrieb und Ihren Zielen beschäftigt. Neben diesen Punkten geht es darum, ob Sie den Schritt in die Selbstständigkeit letztendlich auch gehen. Viele meiner Leser haben mich gefragt, ob ich auf die Vor- und Nachteile einer Gründung eingehen kann. Als liebenswerter Autor mache ich das natürlich. Aber ganz so einfach wird es nicht. Es bringt Ihnen nichts, wenn ich Ihnen hier Vor- und Nachteile einfach auflliste – das ist mir zu unpersönlich. Also brauchen wir Ihre Gründe, die für und gegen eine Gründung sprechen. Genau die wollen wir hier sammeln. Daneben ist es wichtig, dass Sie diese auch bewerten. Nehmen wir dazu eine Punkteliste von 1 (sehr unwichtig) bis 5 (sehr wichtig). Auf geht's:

Meine eigenen Vor- und Nachteile einer Gründung:

Vorteile	Relevanz	Nachteile	Relevanz

Sie können die Liste auch verlängern oder etwas dazwischenquetschen, wenn Ihnen der Platz nicht ausreicht – der Platz ist für Sie reserviert. Was ich ganz interessant finde, ist die Tatsache, dass es Menschen gibt, die mit den Vorteilen beginnen, und solche, die mit den Nachteilen anfangen. (Ich weiß, tolle Erkenntnis, Herr Autor. Darauf kommen Sie auch ohne mich.) Was ich damit meine, ist, dass der Blickwinkel etwas darüber aussagt, wie Sie dem Thema gegenüberstehen, aber bitte jetzt nicht überbewerten. Wie sind Sie das Thema angegangen? Auf welcher Seite fiel es Ihnen leichter, die Punkte zu sammeln? Ich erspare Ihnen an dieser Stelle meine eigene Liste, die ist erstens zu lang und zweitens kippt sie nach links über.

Hier zählt vor allem Qualität und nicht Quantität. Wenn Sie sich Ihre Nachteile anschauen, gibt es da Dinge, mit denen Sie in Ihrem Leben nicht zurechtkommen würden (also solche, die Sie oben mit 5 Punkten bewertet haben)? Dann können noch so viele Vorteile vorhanden sein, der Schritt in die Selbstständigkeit ist vielleicht nicht der richtige. Genauso kann es den einen Vorteil geben, der alles andere überscheint. Sie können auch die Punkte addieren, um ein erstes Gefühl zu bekommen, wo mehr Bedeutung für Sie liegt (quasi eine Taschenrechnerübung). Lernen Sie durch solche Übungen, dass neben dem Aufzählen immer die Bewertung eine zweite notwendige Variable ist.

Um über reine Vor- und Nachteile hinauszukommen, ist es wichtig, auch andere Themenbereiche zu betrachten, die auf den ersten Blick nicht direkt mit Ihrer Gründung zu tun haben. Dazu würde ich Sie bitten, die folgenden Fragen zu beantworten. Manchmal komm ich mir vor wie ein Therapeut – bitte vergeben Sie mir das. (Sagte er und kritzelte in sein Notizbuch.)

Welche Personen inspirieren Sie?

_____

_____

_____

_____

Wovon haben Sie als Kind geträumt?

_____

_____

_____

_____

Welche Orte inspirieren Sie?

_____

_____

_____

_____

Ich erkläre Ihnen gerne den Sinn der Übung. Für mich selber war als Kind immer klar, dass ich Archäologe werde, weil ich raus in die Natur wollte und einen starken Entdeckerdrang in mir verspürte. Genau das hilft mir heute noch. Warum? Na, weil ich mich unglaublich gerne mit neuen Themen auseinandersetze oder gemeinsam mit Start-ups Ideen entwickle. (Dass ich oft Termine draußen im Café wahrnehme und Archäologen auch oft draußen arbeiten, wäre wohl ein bisschen weit hergeholt.) Wenn wir uns gemeinsam die Personen anschauen, die Sie inspiriert haben, fällt uns vielleicht etwas auf.

Mein Vorbild hat immer für seine Ideale gekämpft. Selbst als er an dem HIV-Virus erkrankt ist, hat er versucht, anderen Kraft zu geben, und dem Ganzen sogar ein Lied gewidmet. Wissen Sie, wen ich meine? Ich finde es sehr hilfreich, in der Frühphase einer Gründung Vorbilder zu haben, denen Sie ein Stück hinterhereifern können. Das müssen nicht zwangsläufig reale Personen sein. Wenn Sie sich also für Dagobert Duck oder Daniel Düsentrieb entschieden haben, soll es mir recht sein. Warum der Ort, der Sie inspiriert, eine Rolle spielt, erkläre ich Ihnen auch gerne. (Sie merken, der Lehrermodus ist lange schon aktiv.). Nicht der Name des Ortes ist entscheidend, vielmehr geht es darum, was dieser Ort für Sie bedeutet. Bei mir ist das zum Beispiel Siena, eine Stadt in der Toskana. Die Stadt ist so voller Kultur und Leben, dass ich mich nicht nur inspiriert, sondern regelrecht belohnt fühle, wenn ich dort bin. Vielleicht können Sie das Gefühl nachvollziehen. Der Ort kann aber auch ein Rückzugsort sein, an dem Sie Kraft tanken, oder Ihnen dabei helfen, die Idee für Ihre Gründung zu finden. Klar ist, dass dieser inspirierende Ort keine lange Reise mit sich bringen muss. Auch die eigene Wohnung oder das eigene Haus können der perfekte Ort sein. Steve Jobs und Steve Wozniak haben den ersten Macintosh auch in der Garage von Jobs Eltern entwickelt – kein Traumort für eine der größten Geschäftsideen unserer Zeit, aber erfolgreich.

Ganz nebenbei habe ich gerade eine Brücke zu Ihrer nächsten kleinen Aufgabe gebaut – zum Thema Belohnung. Nein, Sie kriegen kein Geschenk von mir, weil Sie bis hierhin gekommen sind – Entschuldigung. Vielmehr geht es darum, dass Sie sich Belohnungen gönnen sollten, wenn Sie bestimmte Schritte gemeistert, Hürden überwunden oder Ziele erreicht haben. Dazu definieren wir an dieser Stelle Ihre persönliche Belohnung. Also »wir« im Sinne von »Sie«. Keine Sorge, ich pfusche Ihnen da nicht rein. Womit möchten Sie sich für das Erreichen kleiner Ziele belohnen? Wählen Sie vielleicht zunächst etwas Kleines und nicht direkt ein neues Auto oder die Weltherrschaft, und um das Ganze hier noch kreativer zu gestalten, malen Sie Ihre Belohnung doch einfach.

Meine Belohnung:

Wenn Ihre Belohnung etwas Greifbares und vielleicht sogar Essbares ist, sorgen Sie dafür, dass Sie es vorrätig haben. Wie gesagt, es können auch die kleinen Dinge des Lebens sein. Ein Schokoriegel, eine bestimmte Flasche Wein oder eine Jacht.

Wer viel arbeitet, muss sich auch Pausen gönnen. Betrachten Sie Ihren eigenen Aufwand, Ihren Einsatz aus einer anderen Perspektive und erlauben Sie sich eine Auszeit. Manchmal ist das wie mit dem Atmen. Man muss ein-, aber eben auch ausatmen.

Pausen und das Feiern von kleinen Siegen sind gerade für Gründer extrem wichtig, um noch gestärkter voranzugehen. Kriegen Sie das hin? Wissen Sie, wie ich das mache? Ich habe im Büro einen Haufen Steine liegen (kleine, keine Pflastersteine) und immer, wenn ich ein Ziel erreicht habe, lege ich einen dieser Steine in eine kleine Schachtel. Am Ende eines Monats, eines Jahres oder wann auch immer habe ich die Möglichkeit zu sehen, wie erfolgreich ich in einer bestimmten Zeit war. Eines ist dann nämlich ganz offensichtlich: Auch kleine Steine formen am Ende einen großen Haufen. (Willkommen in Esoterik I.)

Natürlich wird es auch solche Tage geben, an denen es Ihnen schwerfallen wird, sich zu motivieren. Was ich dann immer mache? Ich versuche, mich selber zu motivieren. Die Motivation aus einem selbst heraus ist die stärkste. Wie ich das mache? Ich beantworte mir selbst vier Fragen. Nun, ich stelle Ihnen das auf der nächsten Seite einmal vor. Schneiden Sie sich diese Fragen gerne aus, bauen Sie das Ganze nach oder machen Sie sich einfach 100 Kopien davon. An solchen Tagen braucht man manchmal ein bisschen Unterstützung – vielleicht ist das auch was für Sie.

»In jedem Gründer steckt ein Super-GoG, sprechen Sie zu ihm und er kommt heraus.«

Was habe ich bis heute erreicht und worauf kann ich stolz sein?

_____

_____

_____

_____

_____

Warum mache ich das alles hier?

_____

_____

_____

_____

_____

Was nehme ich mir heute vor?

❏ _____ ❏ _____

❏ _____ ❏ _____

❏ _____ ❏ _____

❏ _____ ❏ _____

Womit belohne ich mich nach getaner Arbeit?

_____

_____

_____

_____

_____

_____

Ist das Glas halb voll oder halb leer? Die Betrachtung wird bei Ihrem eigenen GoG-Sein zukünftig eine große Rolle spielen. Sind Sie ein Optimist oder eher pessimistisch geprägt? Natürlich bewerten Sie das anders als Außenstehende. Wenn Sie sich einmal in die Lage Ihrer Familie oder die von guten Freunden versetzen, wie würden diese Sie beschreiben? Gerne würde ich dafür auch eine Begründung erfahren.

Ich bin ein Optimist/Pessimist, weil

_____

_____

_____

_____

_____

Vielleicht fragen Sie sich aber auch generell, welche Eigenschaften Sie ausmachen. Wissen Sie, was ich da liebe? Diese Wortwolken, in denen Sie Ihre persönlichen Begriffe suchen sollen. Was sind die ersten drei, die Sie finden?

```
Q I Q J B Z M Y D H U E U T S X Z H U D Q D H P B D H U M G
Y F A C H K U N D I G T R F Y H D G N A S W E Y L M F E O D
V Z O M V Z U C K J R U C L E U F V N T T J N Z Z V M O K H
K Q K S R H O W O T D V C T Y D O A W X R V Z V S G D M T O
B Q Y D K V R J I X Z D T O G Y U H E X E T I G Q K X W A D
E P E X B E W T D Z S N B D S W F A U F S S B L G N Y R C I
O E Q T A R U T R M B W G Z E E Q M F J S E U Y N V P G F D
O M J V H H L T G K W T W B N I H I W O R E W K A Y M R R E
S J L E S A P Q E I W Y E D E T E P V V E R I C H C E F V E
U L W I R N Q H H W N H I R R S Z A G E S Q S Q B P W W W N
V D V Z S D R M R T J V G V G I U U E A I G S K L E E Q S R
R O E I P L T S G E C J E R I C Y A Q W S E E S L J M A Y E
A V G E X U T U E N F F N N S H V F N N T M N E U N C W L I
M A S L O N D O I S H T I N C T K G O C E X S L I O H Ü M C
O X V S M G L T Z M H H N Z H I K N P G N O D B N H S B R H
R Q C T A S R P I W B T I L B G R X M R T W U S N B N E M W
I K W R C S X V G Q W K T T J N E K X V P E R T O U K R F Z
P H L E G I M D L R T Q I R A E A S U G G J S B V V R Z T E
H U P B I C H S W I G P A A F I T P Y H B G T E A I I E I N
O L G I T H M P D R S F T S S M I A L A Z S I W T H T U S G
Q I Y G X E J C Z S Y N I D L E V ß D F J T G U I V I G Z A
N R D S M R M W Y T A J V B Z N U I D R V G I S V P S E P G
S D M G C N U T C I X D W Q T L M G L W L G F S H I C N K I
B A Z A C U T H N S F O M W G P P I S W G J I T T R H D E E
E G J T Q W I S W N Q C F A I M X C K V L O N X Y V V W G R
S P W D R R G T F H K I D I O Q W E G V Q B E P Z H E D X T
H L R L A P T A N W F Y I V W S O Z H R T X E D S C N G O N
O Z U T P E P B U H S S I S A Z R V S Y A M O T I V I E R T
Y E Y C M V T I J K Q J V B N Z Y C M A W Y L M X I G J D V
K Y W C L T U L R I S I K O F R E U D I G Z G R K G J M E A
```

1. _____

2. _____

3. _____

Na gut, das war jetzt eher ein bisschen als Ablenkung gedacht. Oder? Wer weiß, wer weiß. Welche Punkte haben Sie gefunden? Nachdem Sie nun so fleißig gearbeitet haben, will ich Ihnen gerne noch mal ein wenig Input von mir geben und habe mir sieben Punkte überlegt, die mir sehr wichtig sind – Besserwissermodus aktiviert.

1. Selbstständig zu sein bedeutet nicht, dass Sie den Weg allein gehen müssen. Suchen Sie sich die richtige Unterstützung, um Ihr Ziel zu erreichen.

2. Machen Sie den Unterschied. Fallen Sie auf.

3. Stellen Sie sich Herausforderungen. Wenn Sie erfolgreich sein wollen, gehen Sie Ihren eigenen Weg.

4. Bilden Sie sich permanent weiter und lernen Sie aus Ihren Fehlern. Fehler sind nichts anderes als Erfahrungen mit Lerneffekt.

5. Verlieren Sie niemals den Spaß an dem, was Sie tun.

6. Nutzen Sie Ihre bisherigen Erfahrungen und Kontakte für Ihr Vorhaben.

7. Feiern Sie Meilensteine. Belohnen Sie sich mit einem leckeren Essen oder genießen Sie Zeit mit Ihren Liebsten – vollkommen unabhängig von Ihrem Projekt.

Die Liste könnten wir sicher gemeinsam noch ein wenig intensivieren. Leider ist das Buch dann voll und wir brauchen noch Platz für andere Sachen. Aber auf Punkt 6 würde ich gerne kurz eingehen. Welche Erfahrungen haben Sie gesammelt, die Ihnen bei Ihrer Gründung und dem Start-up-Dasein helfen können? Diese können ein Vorteil gegenüber der Konkurrenz sein. Dazu gehören Kontakte, Branchenerfahrung oder spezifisches Fachwissen. Notieren Sie sich diese drei Erfahrungspotenzierer hier:

Meine Erfahrungspotenzierer:

1.

_____

_____

_____

2.

_____

_____

_____

3.

_____

_____

_____

Diese Punkte sind auch wichtig für die Darstellung Ihrer Person im Businessplan. Stellen Sie heraus, was Sie auszeichnet und welche Skills Sie mitbringen. Niemand kann alles. (Mich juckt ein blöder Witz in den Fingern, aber ich lasse es.) Sehen Sie auch hier Probleme als Herausforderungen. Stellen Sie sich diesen Herausforderungen und meistern Sie diese. Fallen Sie hin und stehen Sie wieder auf. Ein Krieger mit vielen Narben hat die meiste Erfahrung.

Jedes Problem ist nur eine Frage, die bislang ohne Antwort ist. Das heißt nicht, dass es keine Antwort gibt. Finden Sie die richtige Antwort und bringen Sie Ihr Unternehmen voran. Was sind häufige Probleme oder Herausforderungen, denen sich jeder Gründer stellen muss, und was kann er tun, um diese Herausforderungen zu meistern? Ich gebe Ihnen hier etwas Inspiration.

Die Gründung eines Unternehmens beginnt jedes Mal mit einer Idee, die immer weiter ausformuliert und ausgearbeitet wird. Ziel einer jeden Geschäftsidee ist, dass sie geschäftsfähig wird. Und somit haben wir die erste Herausforderung in Form einer Frage: Ist Ihre Idee geschäftsfähig?

Oftmals versuchen Gründer, ein Produkt zu etablieren, das kaum jemand braucht, oder etwas, das noch nicht marktfähig ist. Zwar gibt es Ansätze wie die Lean-Start-up-Methode, die einen frühzeitigen Produktlaunch beschreibt, nur sind dort die Produkte mindestens zu einem gewissen Teil marktfähig. Erkenntnisse aus dem Kundenfeedback zu dem jungen Produkt führen wiederum zu einem weiteren Produktentwicklungszyklus und zu entsprechenden Anpassungen.

Wenn Sie die Frage nach der Geschäftsfähigkeit Ihres Produktes nicht zu 100 Prozent beantworten können, arbeiten Sie weiter. Sehr wichtig ist dabei, dass Sie sich und Ihr Produkt immer wieder kritisch hinterfragen und hinterfragen lassen. Also schalten Sie nicht sofort auf Durchzug, wenn mal negative Kritik über Ihre Idee geäußert wird. Beweisen Sie sich selbst, wie gut die Idee ist, und feilen Sie weiter.

Wie jeder Gründer sind Sie überzeugt von Ihrem Produkt, und das ist auch gut so. Verstehen Sie mich nicht falsch, aber Sie sollten sich trotzdem von Freunden, Bekannten oder Experten hinterfragen lassen, da mehreren Personen meistens mehr »Probleme« oder Herausforderungen für Ihr Produkt und dessen Marktfähigkeit auffallen, welche anschließend angegangen werden können. Und damit sind wir direkt bei der nächsten Herausforderung: »das richtige Team«.

Manchmal müssen Sie sich selber auch ein Stück anpassen. Kennen Sie den Clownfisch? Clownfische können ihr Geschlecht ändern. Zunächst sind alle Clownfische männlich und es gibt nur ein Weibchen. Wenn das Weibchen dann stirbt, verwandelt sich das ranghöchste Männchen in ein Weibchen. Verrückt, oder? Also bleiben Sie flexibel. (Im Notfall also gravierende Maßnahmen einleiten.)

Sind Sie Fan einer bestimmten Sportart und können sich an ein Jahr erinnern, in dem Ihr Team oder Ihr Idol nicht den Pokal geholt hat? Oftmals flüchten sich die Fans dann in verschiedene Ausreden, weshalb es dieses Jahr nicht geklappt hat. Aber seien wir doch mal ehrlich: Am Ende gewinnt das beste Team die Meisterschaft, und das zu Recht. Wählen Sie daher Ihre Gründungspartner und zukünftigen Mitarbeiter, falls welche nötig sind, mit Bedacht. Sie benötigen Menschen, auf die Verlass ist, die motiviert sind für ein neues Projekt und möglichst genauso für das Thema und die Idee brennen wie Sie. Ebenso sollten Sie sich Experten für bestimmte Bereiche suchen, wenn Sie Ihren Gründungsprozess ohne diese Personen nicht fortsetzen könnten. Holen Sie sich Experten für bestimmte Fachgebiete, die Ihre Idee und deren Umsetzung aufwerten. In seinem sehr zu empfehlenden Buch *Bottled for Business – The less gassy guide to entrepreneurship* beschreibt Cobra-Beer-Gründer Karan Bilimoria die Wichtigkeit von Experten im Verlauf der Gründung. Karan Bilimoria war ein Bierliebhaber, aber kein Bierbrauer, und hat mit der Hilfe eines guten Brauers ein tolles Bier rezeptiert (verrücktes Wort). Oftmals sind Experten eine gute Hilfe, da diese den Gründungsprozess enorm nach vorne bringen können. (Das heißt jetzt nicht, dass Sie mich anrufen und Beratung buchen sollen.) Die Partnerfindung ist im Geschäftsleben wie bei der Partnerwahl fürs Leben: sehr schwierig, kritisch und hoffentlich wohlüberlegt. Die richtige Partnerwahl kann Ihnen Chancen ermöglichen und Türen öffnen und Sie enorm weiterbringen, Sie prägen und wachsen lassen. Die falsche Partnerwahl kann Sie hingegen sehr frustrieren. Entscheiden Sie weise.

Damit Sie das Potenzial Ihrer Idee maximal ausschöpfen können, ist eine ausgiebige Recherche die Grundlage, um ein innovatives Produkt zu erschaffen, das die Märkte erobert. Recherchieren Sie umfangreich, finden Sie Schwachstellen des Marktes, verbessern Sie diese und integrieren Sie die Verbesserungen in Ihr Produktkonzept. Als Recherchefeld dienen die Konkurrenz, Ihr persönliches Umfeld oder eben Dr. Google.

Ein fehlendes oder schlechtes Kontaktnetzwerk stellt die nächste Hürde für GoGs dar. Viele GoGs haben kein großes Netzwerk und kennen die wichtigen Leute noch nicht. Also: Lernen Sie neue Leute kennen. Machen Sie sich interessant, möglicherweise benötigt jemand Ihre Hilfe, also helfen Sie aus. Das Sprichwort »Eine Hand wäscht die andere« ist bis heute gültig. Machen Sie Gebrauch davon. Fangen Sie damit an, sich auf sozialen Netzwerken mit anderen lokalen Unternehmern zu verbinden, und gehen Sie zu Konferenzen oder Vorträgen. Natürlich kann man auch über den Computer kommunizieren, aber über ein Gespräch unter vier Augen geht doch wirklich nichts, oder?

Ein letztes Problem, welches auch wieder nichts anderes ist als eine Herausforderung, stellt die Finanzierung Ihres Start-ups dar. Viele GoGs denken, sie müssten als Enkel von Dagobert Duck geboren sein, um die finanzielle Grundlage zu haben, erfolgreich zu sein. Glauben Sie mir: Sie benötigen keinen Tresor voller Goldmünzen im Hinterzimmer, um Ihre Idee zu finanzieren. Wenn Ihre Idee Potenzial hat, werden sich Investoren oder Banken finden, die Ihre Idee finanziell unterstützen. Arbeiten Sie hierfür einen perfekten, umfangreichen und trotzdem übersichtlichen Businessplan sowie eine fundierte Finanzkalkulation aus. Merken Sie sich: Je sauberer und detaillierter Sie in Ihrer Gründungsphase arbeiten (Recherche, Analyse, Prototypen, Planung et cetera), desto einfacher werden Sie es haben, sich vor Investoren, Banken oder anderen Finanzgruppen zu behaupten, und Sie werden diese Gruppen einfacher überzeugen. (Ich stehe als Schatten neben Ihnen und gemeinsam werden wir begeistern.)

Natürlich werden Sie in Ihrer Gründungsphase auch noch anderen Herausforderungen begegnen, aber es gibt keine Herausforderung, die unlösbar ist. Ich glaube an Sie.

Und die anderen so?

Ich werde immer wieder gefragt, wie GoGs nach außen hin auftreten sollten. Mit der Frage nach dem Auftreten sind vor allem Gestik und Mimik gemeint. Sie müssen herausfinden, wie Sie auf andere wirken – Stichwort »Eigen- und Fremdwahrnehmung«. Wie wirken Sie auf andere Menschen? Freundlich, schüchtern oder selbstbewusst? Fragen Sie einmal Menschen in Ihrem Umfeld, aber auch Menschen, die Sie eigentlich nicht kennen, welchen Eindruck diese von Ihnen haben. Ich liste Ihnen Fragen als Hilfestellung auf, die Sie diesen Personen stellen können:

1. Welchem Beruf gehe ich nach?
2. Wie ist meine Wohnung eingerichtet?
3. Wohin fahre ich in den Urlaub?
4. Wie verbringe ich meine Freizeit?
5. Auf welche Charaktereigenschaften würden Sie aufgrund meines Äußeren schließen?

Lassen Sie sich diese Fragen beantworten und schreiben Sie die Antworten hinten bei den Notizen auf. Sie werden überrascht sein, was andere Menschen mit Ihnen verbinden. Ich habe das Gleiche am Anfang meiner Selbstständigkeit gemacht. Aufgrund meiner Sturmfrisur dachten viele, ich arbeite am Meer als Windboje. (Der bisher schlechteste Witz dieses Buches.)

Wenn Sie das Ganze noch ein bisschen auf die Spitze treiben wollen, machen Sie Folgendes: Schießen Sie drei Bilder von sich selbst in unterschiedlichen Outfits. Wählen Sie bewusst verschiedene Outfits. Beispiel: Business-Outfit, Sportkleidung oder Batman. Machen Sie dabei auch gerne unterschiedliche Gesichtsausdrücke. Wenn Ihnen das zu viel Arbeit ist und Sie keine Lust auf Fotoentwicklung haben, tragen Sie ein paar Stichworte ein wie »weißes Hemd«, »Adidas-Anzug« oder »Batman-Kappe«.

Schauen Sie sich die Bilder genau an und machen Sie sich Gedanken, welche Stimmung die jeweiligen Outfits transportieren und welche Wirkung Sie auf die potenzielle Kundengruppe haben könnten. Natürlich können Sie sich im Kundenmeeting auch als Batman verkleiden, wenn Sie beispielsweise Pfefferspray verkaufen. Die Frage ist nur, welche Wirkung das auf den potenziellen Kunden hat. Ein Anzug ist nicht immer die richtige Lösung. Wenn Sie Kreativität und Einzigartigkeit ausdrücken wollen, dann tun Sie das vielleicht lieber mit einer bunten Fliege oder roten Hosenträgern. Wir denken viel zu oft, dass wir bestimmte Stimmungen transportieren, wirken auf andere aber ganz anders. Wenn ich mir meine Studenten in den Vorlesungen anschaue, habe ich bei einigen das Gefühl, dass sie mich am liebsten gleich erwürgen wollten, und das ist doch ganz sicher nicht so. (Oder?)

Fragen Sie auch hier wieder Ihre Mitmenschen nach deren Meinung. Gehen Sie mit den Bildern zu Ihren Freunden oder Bekannten und fragen Sie diese, was für ein Unternehmen das jeweilige Outfit widerspiegelt. Wenn deren Meinung Ihrem Ziel entspricht, haben Sie fürs Erste alles richtig gemacht. Ist Ihnen schon einmal aufgefallen, dass Steve Jobs fast immer Jeans, schwarzen Pulli und Sportschuhe getragen hat? Nur zu Veranstaltungen mit Dresscode trug das Unternehmergenie einen Anzug oder gar einen Smoking.

Wenn Sie einen Start-up im Team planen, hilft es, die Stärken und Schwächen jedes einzelnen Mitgründers unter die Lupe zu nehmen, um Aufgaben besser zu verteilen. Ihr Partner mag es mit Mathematik schwer haben, während Sie vielleicht mit Zahlen jonglieren können wie ein Zirkusartist.

Dieser Tipp hilft mir wunderbar, die Brücke zu meinem nächsten Thema zu schlagen, oder sagen wir besser: zu unserem oder Ihrem. Es geht um das Thema, ob Sie allein in diese wundervolle Welt starten oder sich gleich zu Beginn Partner suchen: Rudeltier oder Einzelkämpfer? Das ist sicher keine Frage, die wir auf zwei Seiten beantworten können, aber wie entscheidet man das für sich? Nun, eine Gründung im Team hat Vor- und Nachteile. Denken Sie darüber nach, was Ihnen ein Partner bringt und warum dies der richtige Weg für Sie ist, oder machen Sie sich Gedanken, warum es alleine einfacher ist und Sie niemanden brauchen, der an Ihrer Seite steht. Um es einfach zu machen, habe ich Ihnen eine kleine Tabelle eingefügt, in die Sie die jeweiligen Vorteile eintragen können. Was spricht für eine Teamgründung und was für eine Alleingründung? (Ich liebe Aufgaben, in denen man die Vorteile aufschreiben muss.) Hier, ich mache Platz:

Vorteile Rudeltier und Einzelkämpfer:

Vorteile der Gründung im Team	Vorteile der Alleingründung

Geklappt? Die Entscheidung treffen am Ende Sie, aber nehmen Sie sich Zeit dafür – viel Zeit. Was mir wichtig ist: Auch wenn Sie alleine gründen, dürfen Sie natürlich mit anderen zusammen arbeiten. (Sie müssen sich nicht im Keller verstecken.) Fragen Sie befreundete UnternehmerInnen nach Tipps und Tricks, die Sie beachten können. Scheuen Sie sich nicht, eine zweite Meinung einzuholen.

Eine kleine weitere Entscheidungshilfe, die ich gerne nutze, ist eine Art Traumreise. Was das sein soll? Wenn Sie die Augen schließen und sich vorstellen, wo Sie beruflich in ein paar Jahren stehen, stehen Sie dort dann alleine oder mit einem Partner Arm in Arm? Ganz schön hilfreich, oder? (Wobei das eigentlich eher eine Tagreise ist.)

Viele Gründer haben einen beruflichen Hintergrund, der ihnen hilft, das eigene Unternehmen erfolgreich aufzubauen. Dazu habe ich ein schönes Beispiel:

Wir beschäftigen uns jetzt mit einem etwas obszönen Thema. (Ich denke, die meisten von Ihnen werden über 18 Jahre alt sein.) Sex, Drugs and Rock 'n' Roll, wobei wir die Drogen und die Musik außen vor lassen. Sind Sie schon einmal durch ein eher alternatives Viertel gelaufen und haben die Schrift »Sexshop« in Neonbuchstaben gesehen? Solche Läden sehen in den meisten Fällen nicht unbedingt einladend aus und nur selten sieht man dort Leute hinein- oder hinausgehen. Die Gründer Lea-Sophie Cramer und Sebastian Pollok haben es sich zur Aufgabe gemacht, das Konzept des eingestaubten Sexshops neu zu erfinden und der Erotikbranche ein neues Gesicht und eine neue Anlaufstelle zu geben – mit Erfolg, wie sich zeigt. Sie gründeten den Sexshop Amorelie.

Amorelie ist ein Onlineshop für Erotikartikel. Auf der Website werden verschiedene Produkte rund um das Liebesleben verkauft, von Lovetoys bis zum perfekten Hochzeitsgeschenk, alles dabei. Das Unternehmen setzt auf Transparenz bei den Produkten und dem Thema Sex sowie Diskretion, wenn es beispielsweise um den Versand geht. Ziel des Start-ups (wenn man das noch sagen darf) ist, dass Sie als Kunde neue Seiten Ihres Liebeslebens entdecken können. Neben diversen Vibratoren und sexy Dessous finden Sie dort auch jede Menge Augenbinden, Peitschen oder Handfesseln, um Ihr Liebesleben von einer anderen Seite kennenzulernen. (Ich komme mir wie die Jungfrau Maria vor, wenn ich da so rumsurfe.) Durch einen hohen Anspruch an Design und Qualität sorgt Amorelie für ein Shoppingerlebnis in Wohlfühlatmosphäre. (Ich finde, ich könnte glatt als PR-Texter durchgehen.)

Warum aber hat Amorelie Erfolg? Zunächst war das Timing der Unternehmensgründung perfekt: Als die Romantrilogie Fifty Shades of Grey *die Bestsellercharts eroberte, wurde das Thema Sex erstmals sehr direkt angesprochen und die Einstellungen zu diesem Thema lockerten sich. Daneben lag ein weiterer essenzieller Grund in den Gründern selbst. Die Gründer und ihr Team haben es geschafft, das eher schwierige Thema Sex der Öffentlichkeit zugänglicher zu machen. Wobei man sich fragt, warum so ein Thema »schwierig« ist. (Mit dem iPhone hat auch niemand Probleme und das gibt es sicher noch nicht so lange wie Sex.) Dadurch, dass das Marketing des Unternehmens diskret und transparent zugleich gehalten ist (ja, das funktioniert), konnte das Unternehmen eine komplett neue Zielgruppe im Bereich der Erotikbranche generieren und bedienen. Auch das hochwertige und breit gefächerte Produktportfolio unterstützt die Interessen der neuen Zielgruppen, denn Amorelie bietet nicht nur Lovetoys, sondern auch Dessous, erotische Literatur und Drogerieartikel für das Sexleben.*

Bei dieser Erfolgsgeschichte spielen die Gründer eine Hauptrolle, denn beide haben vorher entsprechende Erfahrungen gesammelt und an renommierten Universitäten studiert. Beide Gründer konnten darüber hinaus Erfahrung mit dem Thema Start-ups sammeln.

Sie sind, wie sich in ihrem Lebenslauf zeigt, nie daran interessiert gewesen, den Weg des geringsten Widerstands zu gehen. Außerdem haben sie durch ihre gesammelten Erfahrungen den Spürsinn für den nächsten Schritt entwickelt und nicht nur ein sehr erfolgreiches Unternehmen gegründet, sondern das gesamte Denken über das Thema Sex vollkommen verändert: vom Tabu- zum Alltagsthema. (Ich bin ein Fanboy.)

Ergo: Gehen Sie zur Uni und studieren Sie noch mal zehn Jahre Entrepreneurship. Das ist natürlich Quatsch, aber was dieses Beispiel gut zeigt, ist eben, dass Erfolg nicht von ungefähr kommt und man sich nicht aufhalten lassen sollte. Wobei hier nicht die tolle Ausbildung eine Rolle spielt, sondern vielmehr der Mut, einen Weg zu gehen, der nicht immer einfach war. Genau diesen Weg sollten Sie kennen, und dann gehen wir diesen gerne auch ein Stück zusammen. (»Kind, du willst doch nicht etwa einen schmuddeligen Sexshop aufmachen, oder?«)

Natürlich haben die beiden Gründer nicht alles alleine gemacht. Ein gutes Netzwerk spielt eine große Rolle für jedes Start-up. (Mit einem Satz eine Brücke gebaut – wow!) Wen kennen Sie in Ihrem Freundes- oder Bekanntenkreis oder im beruflichen Umfeld, der Ihnen behilflich sein könnte? Lassen Sie uns diese Personen doch hier einmal sammeln:

Wer kann mir helfen?

Name	Name	Name
Kann helfen bei	Kann helfen bei	Kann helfen bei

Ich bin mir sicher, Sie konnten jemanden eintragen. Vielleicht ist damit der Anfang für Ihr eigenes Netzwerk gemacht. Und um das Netzwerk noch einen

Schritt weiterzutragen, sollten wir uns erfolgreiche Personen vornehmen, die etwas erreicht haben. Hier habe ich selber einen etwas ungewöhnlichen Weg eingeschlagen. Ich habe mir drei Unternehmer herausgesucht, die erfolgreich sind, und habe diese gefragt, ob sie Zeit für ein Mini-Interview haben. Ich habe jedem vier Fragen gestellt. Das sollten Sie auch tun und das gleich hier eintragen:

1. Was ist aus Ihrer Sicht der Grund, warum Sie erfolgreich sind/waren?

_____

_____

_____

_____

2. Was waren die größten Herausforderungen, die Sie meistern mussten, und wie haben Sie diese gemeistert?

_____

_____

_____

_____

3. Was würden Sie heute anders machen?

_____

_____

_____

_____

4. Welchen persönlichen Tipp können Sie mir mit auf den Weg geben?

_____

_____

_____

_____

An Ihrer Stelle würde ich mindestens drei solcher Menschen befragen. Die Quintessenz können Sie hier eintragen, wir wollen ja keinen Platz verschwenden. Vielleicht eignet sich eine dieser Personen auch als Mentor, das kann sehr hilfreich sein. Niemanden gefunden? Na, dann bin ich das eben.

Planen Sie sich selbst

Wie sieht Ihre Vorstellung von einem idealen Arbeitstag aus? Natürlich wird jeder Tag anders verlaufen, aber hier haben Sie die Möglichkeit, Ihren perfekten Arbeitstag zu planen. (Bitte nicht nur »schlafen« und »Nutella-Brote-essen« eintragen.) Stellen Sie sich einen solchen Tag vor und versuchen Sie, ihn hier zu skizzieren:

Mein perfekter Arbeitstag:

6.00 Uhr _____

       7.00 Uhr _____

8.00 Uhr _____

       9.00 Uhr _____

10.00 Uhr _____

      11.00 Uhr_____

12.00 Uhr _____

      13.00 Uhr_____

14.00 Uhr _____

      15.00 Uhr_____

16.00 Uhr _____

      17.00 Uhr_____

18.00 Uhr _____

      19.00 Uhr_____

20.00 Uhr _____

        21.00 Uhr_____

22.00 Uhr _____

        23.00 Uhr_____

Sie dürfen gerne auch noch »nachts« hinzufügen – ich will Sie nicht einschränken. Warum ich das wichtig finde? Weil es darum geht, einen Tag nicht nur effizient zu gestalten, sondern auch so, dass er Spaß macht. Glauben Sie mir, das vergisst man schnell. So haben Sie gleich zu Beginn eine kleine Liste und können mit ein bisschen Abstand einen Blick darauf werfen. Sie können auch gerne Ihren jetzigen Tag danebenschreiben. Es ist wichtig zu erkennen, welche Aufgaben eventuell eliminiert und welche hinzugefügt werden sollten. Schauen Sie sich Ihren Tagesplan an und überlegen Sie sich genau, welche Aufgaben einen Mehrwert für Ihren Erfolg liefern und welche nicht.

Was sollte ich hinzufügen, um noch erfolgreicher zu arbeiten?

_____

_____

_____

_____

Was sollte ich eliminieren, um meine Zeit besser zu nutzen?

_____

_____

_____

_____

Vielleicht haben Sie auch einfach überall »arbeiten« eingetragen. Dann formulieren Sie die einzelnen Aufgaben jetzt bitte ein wenig detaillierter. Schauen Sie sich alle notierten Punkte genau an und machen Sie sich Gedanken, welchen Beitrag diese zu Ihrem Erfolg beisteuern können.

Blicken Sie nun auf Ihren Tagesablauf und stellen Sie sich die Frage, ob es möglich ist, mit diesem Ablauf das oben genannte Ziel, Ihre persönliche Erfolgsdefinition, zu erreichen. Denn Sie wissen: Wer hoch hinaus möchte, muss hart dafür arbeiten. Wobei allein harte Arbeit auf lange Zeit nicht zum Erfolg, sondern zum Burn-out führt. Behalten Sie immer Ihre Freizeit im Hinterkopf. Stichwort »Work-Life-Balance«. Da stellt sich natürlich auch die Frage: Wieso überhaupt den gesamten Tag arbeiten? Also – planen Sie Ihren Tag bewusst oder Sie enden wie der Geschäftsmann aus dem Buch *Der kleine Prinz*, der den ganzen Tag an seinem Schreibtisch sitzt und die Sterne zählt.

Wenn Sie einmal nicht weiterwissen, nehmen Sie sich Zeit. Es ist noch kein Meister vom Himmel gefallen. Sie werden die richtige Entscheidung treffen. Fragen Sie Personen um Rat, die Ihnen durch eigene Erfahrungen Hilfestellungen geben können. Dann sind Sie schon zu zweit. Mich dürfen Sie auch gerne fragen. Dafür gibt es online die Kategorie »Frag Felix«. (Werbung ist toll!)

Die Stufe 1 möchte ich mit einer kleinen Zukunftsvision abschließen. Sie haben sich sicher schon einmal vorgestellt, wo Sie irgendwann stehen werden, oder? Ich mache das ziemlich oft. Ich schreibe es mir sogar auf, um dann nach der verstrichenen Zeit zu kontrollieren, ob ich da angekommen bin. Wobei »kontrollieren« eigentlich das falsche Wort ist. Es geht vielmehr darum, Entwicklungen zu erkennen und auch zu bemerken, wenn sich eigene Ansprüche verschieben. Eine kleine Übung dazu: Wo sehen Sie sich selber in einem Jahr, in zehn Jahren und kurz vor Ihrem Tod? (Ich formuliere bewusst ein bisschen drastisch.) Nein, es geht darum, quasi die letzte Station ebenfalls zu betrachten.

Meine Vision:

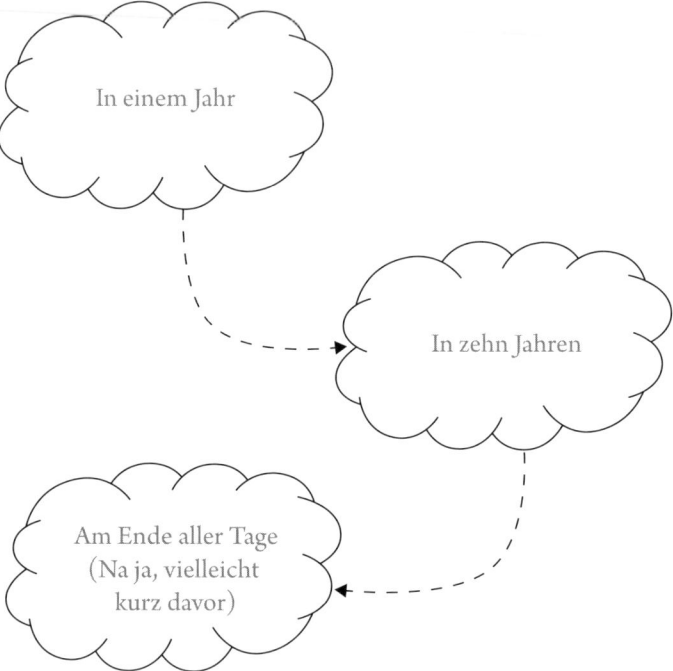

Schauen Sie sich rückblickend Ihre Vision an, wenn die Zeit verstrichen ist. (Darum müssen Sie das Buch auch aufheben. Supertrick von mir.) Ich finde das nicht nur witzig, sondern auch interessant. Und außerdem hilft es ja bekanntlich, Ziele zu definieren, wenn man sie erreichen will. Und das wollen Sie doch, oder?

Ich wurde letzte Woche gefragt, was bei einem Gründer wichtig ist. Alle diese Dinge habe ich in einer Checkliste zusammengefasst und damit haben wir die erste Stufe bereits gemeistert.

Meine kleine Gründer-Checkliste:

❏ Ich habe ein umfangreiches Gründungsprofil erstellt und bin mit dessen Inhalten zufrieden.

❏ Die Stärken meiner eigenen Person habe ich verinnerlicht und kann sie jetzt gezielter einsetzen.

❏ Schwächen, die ich habe, gestehe ich mir ein. Zusätzlich habe ich mir Ansatzpunkte erarbeitet, um diese Defizite ausgleichen zu können.

❏ Motivation und Durchhaltevermögen sind eine Voraussetzung, die ich mitbringe, auch über einen längeren Zeitraum.

❏ Meine individuellen und persönlichen Ziele habe ich definiert und verinnerlicht. Ich möchte sie erreichen.

❏ Ich bin ein Unternehmertyp und bereit für neue Herausforderungen.

❏ Ich habe für den Notfall einen Plan B.

Im Folgenden wird es noch weitere solcher Checklisten geben. Erstens weil ich es selber liebe, etwas abzuhaken, und zweitens weil es sehr hilfreich ist, Dinge auf den Punkt zu bringen. Ich hoffe, Sie sehen das genauso. Übrigens haben die Checklisten nicht immer gleich viele Punkte; das wäre mir zu langweilig – Rebellenmodus aktiviert. So eine Liste bedeutet übrigens nicht zwangsläufig, dass Sie immer alles ausfüllen müssen. Sie dient Ihnen unter anderem als Gedankeninspiration.

Wir könnten uns noch länger mit ihnen beschäftigen, aber ich denke, wir haben die wichtigsten Dinge gemeinsam gesammelt und können voranschreiten. Weiter geht die wilde Fahrt.

STUFE 2

»Eine Idee ist nur eine Idee. Wann und wie du sie angehst,
bestimmt, was daraus wird.«

Justin Mateen

Stufe 2:
Keine Schnapsidee

Neben Ihrer Person spielt vor allem das, was Sie vorhaben, eine entscheidende Rolle. (Ich starte gerne mit ultimativen Weisheiten.) Wir gehen also in unserem 7-Stufen-Programm eine Stufe weiter und beschäftigen uns mit Ihrer Idee. Da natürlich nicht jeder gleich eine solche im Kopf hat, wollen wir uns Möglichkeiten anschauen, eine Idee zu entwickeln. Nett, oder? Es wird also kreativ. Genug der netten Worte – auf geht's.

Mich interessiert als Erstes, ob Sie sich schon etwas ausgemalt haben oder nur den Wunsch nach dem Start-up-Leben in sich tragen. Zwar können Sie mir jetzt diese Frage beantworten, aber leider ist die Buchindustrie noch nicht so weit, mir dieses Ergebnis zuzusenden. Aber vielleicht schicken Sie mir einen netten Brief oder eine E-Mail mit Ihrer tollen Idee. Fangen wir also erst mal mit Ihrem Status quo an. Das tun wir am besten in einem wunderschönen Kreativfeld. Dort können Sie Ihre Idee reinschreiben – damit sie nicht verloren geht. Wenn Sie sich noch nicht so weit fühlen, lesen Sie einfach weiter und füllen die Wolke später aus – alles ist möglich. Wie das Ausfüllen dabei aussieht, ist übrigens Ihnen überlassen. Sie dürfen etwas reinschreiben, etwas reinmalen oder auch was reinkleben. Sie haben schließlich Geld für das Buch bezahlt und nicht ich. Lassen Sie Ihrer Kreativität freien Lauf, aber bitte versuchen Sie, seriös und realistisch zu bleiben. (Die Idee vom fliegenden Auto ist dann doch etwas weit hergeholt ... wobei ...)

Meine Idee:

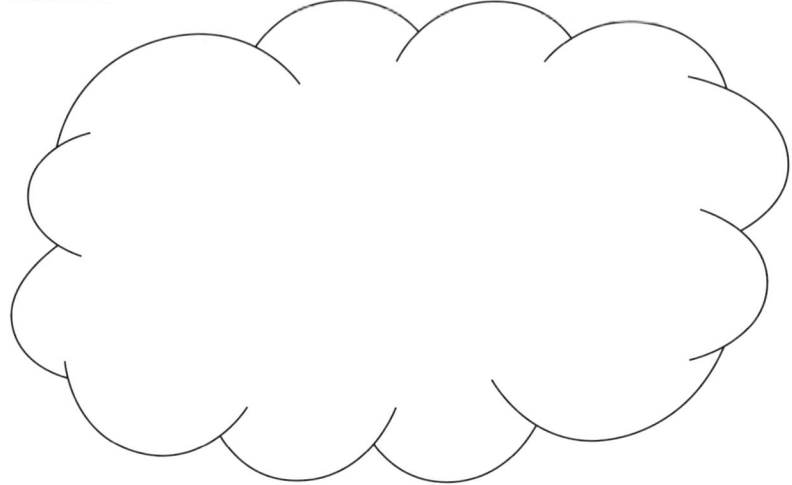

Ich finde, die Wolke als Symbol ist doch gut gewählt, oder? Die Alternativen wären ein Auto oder ein Gesicht, mehr kann ich leider nicht zeichnen.

Wenn der Kopf raucht und Sie scheinbar auf der Stelle treten, legen Sie alles zur Seite und machen Sie etwas vollkommen anderes. Manchmal blockiert man sich selbst, wenn man zu lange über ein Thema nachdenkt. Mir hilft dann Schokolade oder eine Runde am Rhein. Okay, manchmal auch ein Bier.

Natürlich helfe ich Ihnen gerne, wenn Sie noch keine Idee gefunden haben – wir sind schließlich Partner. Wie kommen Sie auf die Jahrhundertidee? Auf die Idee, die noch keiner hatte? Sicherlich kennen Sie das auch: Auf einmal kommt ein neues Produkt auf den Markt und man fragt sich, warum man selbst nicht die Idee dazu hatte. Mit diesem Gedanken sind Sie definitiv nicht alleine. Genau darum wollen wir uns hier kümmern. Wir wollen Möglichkeiten finden, eben genau diese eine Idee zu entwickeln. So lachen am Ende nicht die anderen, sondern nur einer – Sie! (Na gut, ich lache mit Ihnen.)

Der Wille, eine erfolgreiche Idee finden zu wollen, ist ein Anfang – und zwar ein ziemlich guter. Motivation ist bei der Ideenfindung das A und O. Es ist der Lattenrost für die hinterher weiche Erfolgsmatratze. Dass Sie diese Zeilen hier lesen, ist ein guter Anfang und der Indikator, dass die nötige Gründermotivation vorhanden ist. Jetzt fehlt sozusagen nur noch der richtige Masterplan.

Eine gute Idee fällt leider nicht vom Himmel. Und auch wenn es nicht so scheint, sogar die Besten mussten sich ihr Konzept erarbeiten. Keine unmögliche Hürde – denn auch für das schwierigste Gericht gibt es ein Rezept. (Ich bin der König der Floskeln.) Allerlei Beispiele und Methoden zeigen, dass die perfekte Idee aus verschiedenen Situationen heraus geboren werden kann – als erwartetes Wunschkind, manchmal aber auch ganz plötzlich und spontan. Facebook-Erfinder Mark Zuckerberg hatte seine Idee vom größten sozialen Netzwerk ganz plötzlich, als er damit anfing, eine Internetseite zu erstellen, auf der man die »heißesten« Studentinnen seiner Uni wählen konnte. Und dafür muss man nicht Daniel Düsentrieb sein. (Ich hoffe, Sie kennen den guten Herrn Düsentrieb.)

Viele GoGs scheitern auf der Suche nach *der* perfekten Idee. Sie graben nach einem Schatz. Und wenn der Schatz kein echter Piratenschatz ist, ist er nicht gut genug. Doch muss es immer die perfekte Idee sein? Es gibt viele Schätze, die Sie neu entdecken können, dafür müssen Sie nur bereits existente Definitionen hinterfragen. Vielleicht ist das dann nicht die radikale oder disruptive Idee, sondern nur eine kleine oder inkrementelle Verbesserung, die Ihre Idee bringt. Wenn Sie etwa Kutschen mit Autos vergleichen, werden Sie merken, dass man sich mit beiden fortbewegen kann. Wussten Sie, dass Daimlers erstes motorbetriebenes Fahrzeug (es war wohl eher eine Art Motorrad als ein Auto) nur 0,5 PS hatte und auf maximal 6 Stundenkilometer beschleunigen konnte? Da war die Kutsche wohl deutlich überlegen. Manchmal muss es also zunächst nicht einmal eine Verbesserung sein, sondern lediglich eine Veränderung. (Nun gut, die Entwicklung kennen wir, aber ich denke, Sie wissen, was ich meine.)

Welches Problem löst Ihre Idee?

Die meisten GoGs möchten mit ihrer Idee ein Problem lösen und danach etwas verkaufen. Wenn man jedoch niemanden findet, der eine Problemlösung benötigt, steht man ohne Kunden da. Und dann können Sie auch die beste Wirtschaftsuniversität der Welt besucht haben. Wenn Sie keine Kunden haben, haben Sie keine Kunden. (Willkommen in Philosophie I.) Die Kunst ist es also, etwas zu konstruieren oder zu entwickeln, das benötigt wird und das Verwendung findet. Versuchen Sie dabei auch, neue Themengebiete kennenzulernen. Vielleicht führen Sie Ihre Überlegungen ja in eine ganz andere Branche, als Sie anfangs gedacht haben. (Wenn ich in fünf Jahren meinen ersten Toaster mit eingebauter Surroundanlage verkaufe, denke ich an Sie.) Woher erfahre ich aber von den Problemen anderer?

Klar, Sie könnten nun eine große Marktforschung mit Umfragen und Fokusgruppen starten, aber wir wollen das Geld lieber sinnvoller einsetzen. Was glauben Sie, wie viele Gründer gescheitert sind, obwohl die Marktforschung versprochen hat, dass Kunden das Produkt lieben würden? (Ich glaube, es sind einige – eher Tausende.) Die Quintessenz: Manchmal ist das, was Sie glauben zu denken, nicht wahr. Wenn Sie mit offenen Augen durch die Welt gehen, erkennen Sie Möglichkeiten, in denen lediglich die geplante Verwendung des Produktes geändert werden muss. Coca-Cola beispielsweise sollte ursprünglich als Mittel gegen Müdigkeit, Kopfschmerzen und Depressionen dienen. Wirklich funktioniert hat das nicht. Als Erfrischungsgetränk wurde Coca Cola zum umsatzstärksten Softdrink der Welt. Der Rest der Geschichte sollte bekannt sein.

Damit haben Sie die erste Methode, eine Idee zu finden, schon kennengelernt: mit offenen Augen umherschweifen und sich fragen, ob alles so sein muss, wie es gerade ist. Außerdem können Sie das Internet zu Hilfe nehmen. Bei aller Datensammlerei, die Google so betreibt, bleibt schließlich auch der eine oder andere Vorteil für GoGs nicht aus. Manchmal reicht es, einen Satz bei Google einzutippen, um die Autovervollständigung zu aktivieren. Diese führt dann gleich zu den meistgesuchten Begriffen und Anfragen, die User an Google stellen. (Kleiner Tipp: Wenn Sie nach wissenschaftlichen Texten suchen wollen, um auch andere Themengebiete abzudecken, dann benutzen Sie doch Google Scholar.) Auf diese ganz einfache Weise können Sie Kundenbedürfnisse erkennen. Ich habe das gerade mal mit meinem Namen gemacht. Schon interessant, dass viele Leute mein Alter wissen möchten. Probieren Sie es aus. Da fällt mir eine kleine Übung für Sie ein: Googlen Sie einmal die drei absurdesten Geschäftsideen, die Sie finden können, und tragen Sie sie hier unten ein. Sie werden sich wundern, was es alles gibt.

Verrückte Ideen:

1. _____

2. _____

3. _____

Eine weitere Methode, die ich sehr mag, heißt 6-3-5. Es ist eigentlich keine richtige Methode, sondern vielmehr ein kleiner Trick. Ich erklär es gerne: Das Wichtigste ist, dass Sie sich zunächst ein Problem überlegen, das es zu lösen gilt. Oder Sie schaffen ein Problem, von dem noch niemand weiß, dass es ein Problem ist. Am besten machen Sie das Ganze zusammen mit ein paar Personen, das öffnet den Denkprozess – gerne genau sechs. Aber bitte vorher versichern lassen, dass alle Ideen Ihnen gehören. (Ich hoffe, Sie hören meine Ironie.)

Schritt 1: Schreiben Sie das Problem auf. Das ist Ihre Grundlage.

Schritt 2: Geben Sie jedem Teilnehmer ein Blatt und unterteilen Sie dieses in drei Spalten und sechs Zeilen.

Schritt 3: Jede Person schreibt drei Ideen (darum drei Spalten) zur Lösung des festgelegten Problems in die Kästchen und reicht das Blatt an die nächste Person weiter.

Schritt 4: Die folgende Person soll die Idee in den Zeilen darunter ausformulieren, ergänzen und ausbauen.

Schritt 5: Wenn die Zettel einmal herumgegangen sind, erhält jeder Teilnehmer sein Blatt automatisch zurück.

Schritt 6: Schauen Sie sich die Ideen an und diskutieren Sie sie.

Darum: Sechs Teilnehmer haben drei Ideen und formulieren jeweils fünfmal weitere Ideen aus (wäre nur alles so leicht). So sollte das Ganze dann aussehen.

Die 6-3-5-Methode:

Idee 1	Idee 2	Idee 3

Ideen, Erfindungen, Produkte, Dienstleistungen – sie haben alle ein Ziel: ein Problem zu lösen. Probleme gibt es viele, Lösungen allerdings auch. In einem solchen Markt zu bestehen, ist entsprechend schwer. Zu Fuß von Düsseldorf nach Berlin zu kommen wäre ein Problem. Die Lösung ist das Auto oder eben die Bahn, das Flugzeug oder Beamen. Wenn wir frech sind, kann man jedoch auch neue Probleme und Bedürfnisse schaffen.

Das sehen Sie zum Beispiel immer wieder beim Thema Mode und Fashion. Hier werden künstlich immer wieder neue Probleme geschaffen, die stets mit der aktuellen Mode gelöst werden können. Sicherlich ist das auch zu großen Teilen der entsprechenden Werbung und dem Marketing zu verdanken, aber es hat uns keiner verboten, diese Hilfsmittel selber einzusetzen. Wer das ebenfalls toll hinbekommt, ist die Kosmetikindustrie. Sie suggeriert beispielsweise in der Werbung: Wenn Sie eine bestimmte Creme nicht benutzen, werden Sie nicht nur Falten bekommen, sondern Ihr Gesicht bröckelt einfach runter. (Wenn Sie das nicht wussten, dann aber jetzt ganz schnell in den nächsten Drogeriemarkt.)

Eine tolle Idee setzt nicht immer voraus, etwas komplett Neues zu erfinden. Viele Innovationen sind aus vorhandenen Dingen entstanden. Aus Dingen mit Lücken und Schwächen. Wäre es nicht anstrengend, wenn das Telefon immer noch eine Schnur hätte? Oder was wäre mit einem Handy, das keine Kamera hat? Sowohl das Handy als auch die Kamera gab es schon vorher. Aber irgendwie wollte dann doch jeder ein Kamerahandy. Das Zusammenführen von Produkten zu einem neuen Produkt nennt man übrigens Konvergenz. Das beschriebene Handy ist wohl das beste Beispiel. Das komplette Gegenteil ist die Divergenz. Das wird vor allem genutzt, wenn die Spezialisierung auf nur eine Komponente ertragreicher ist, als alles zusammen zu produzieren. So ist das beispielsweise beim Computer: Die Festplatte ist von Toshiba, der Prozessor von Intel, die Software von Windows. (Na gut, in meinem Fall ist alles von einer Frucht … Eigentlich nicht ganz logisch, Herr Autor!) Man muss das Rad nicht neu erfinden. Aber man kann es schöner, schneller und leichter machen. So können auch im Alltag Ideen entstehen, die die Welt verbessern.

Verrückt sein mit anderen finde ich sehr hilfreich. Gemeinsam mit Freunden können Sie der Fantasie freien Lauf lassen und sich abenteuerliche Ideen ausmalen. Mancher verrückte Einfall sieht nur im ersten Moment absurd aus. Seien Sie mutig, aber schaffen Sie vor allem auch eine Atmosphäre, die Kreativität zulässt. (Also bitte keinen sterilen Meetingraum anmieten.)

Eben haben wir noch von Problemen gesprochen und von der Suche nach Produkten, die diese lösen können. Doch es ist auch hilfreich, eine bestimmte Zielgruppe ins Auge zu fassen. Dieser Ansatz gefällt mir besonders gut. Gibt es Personengruppen, die im Alltag mit Dingen schlechter klarkommen als andere? Nehmen wir mal begeisterte Fußballfans mit Rückenproblemen. Denkt man an ein Stadion, sind die ersten Assoziationen nicht unbedingt Komfort und ergonomische Sitzmöglichkeiten oder gar Wellness für die Nerven. (Der Stressfaktor hängt natürlich von Ihrem Lieblingsverein ab.) Man könnte also passende Kissen verkaufen, die den Stadionbesuch komfortabler machen. (Mir ist bewusst, dass ich für die Idee keinen Nobelpreis bekomme.) Lücken und Probleme lauern an vielen Ecken. Vielleicht haben Sie sogar selber ein Problem? Sie müssen es erkennen, sich dafür begeistern und es schließlich bestmöglich lösen. Beispiel: Frauen bleiben mit hohen, dünnen Absätzen oft stecken – zwischen Pflastersteinen, in Rillen, in Gitterrosten oder im Rasen. Daher wurden für Stilettos und High Heels kleine Plättchen als Absatzschutz entwickelt. Damit können Frauen gemütlich über Kopfsteinpflaster oder über den Rasen laufen, ohne darin stecken zu bleiben.

Oder nehmen Sie Fußballspieler und denken darüber nach, welche konkreten Probleme diese haben: aufgeschürfte Knie, hohe Belastung der Bänder, Blasen von neuen Fußballschuhen oder Probleme, die richtige Bank für ihr Vermögen zu finden. Führen Sie sich die Probleme genau vor Augen. Welche Lösungen könnten Sie anbieten? Die Zielgruppen können breit, aber genauso eng sein. Welche drei Zielgruppen fallen Ihnen ein und welche Probleme existieren dort? In die erste Zeile tragen Sie bitte die Zielgruppe ein, in die zweite die Probleme und in die dritte Ihre potenziellen Lösungen.

Meine Zielgruppenproblemlösungsmatrix:

Fußballspieler		
• Aufgeschürfte Knie • Hohe Belastung der Bänder • Blasen an den Füßen • Einseitige Belastung		
• Spezielle Cremes • Besondere Einlagen • ...		

Wer von Ihnen kennt das nicht? Man lebt seit Jahren in einer Großstadt und sehnt sich nach frischer Landluft. Irgendwie habe ich mich schon an den Smog der Großstadt gewöhnt. So merke ich auch nicht mehr, wie viel schlechte Luft ich an einem Tag einatme. Erst wenn man sich auf den wohlverdienten Urlaub freut, ans Meer fährt oder zum Wandern in die Berge, merkt man wieder den Unterschied zwischen Frischluft und Stadtluft. Sie haben diesen Unterschied bestimmt auch schon festgestellt. Nur leider können Sie sich während des Berufslebens nicht mal eben freinehmen und zu Ihrem Chef sagen, dass Sie Frischluft brauchen. Somit kommen Sie oft nur ein paar Tage in den Genuss, frische Luft einzuatmen. (Oder werden Sie einfach selber Chef und eröffnen ein Büro in der Toskana.)

Moses und Troy sind die Erfinder von Vitality Air. Sie verkaufen Frischluft aus den Rocky Mountains. Sie glauben mir diese Geschichte nicht? Dann gehen Sie doch ein-fach mal ins Internet und forschen nach diesem Produkt. Ich habe Ihnen bestimmt nicht zu viel versprochen. Es werden zum Beispiel 8-Liter-Frischluftflaschen verkauft. Diese Packungsgröße reicht für 150 Atemzüge. Das bedeutet für den Konsumen-ten pure Entspannung und tollen Genuss. Das versprechen zumindest die Herstel-ler. Aber warum soll ich überhaupt für etwas bezahlen, was selbstverständlich ist? Wieso soll überhaupt jemand Luft kaufen? Luft zum Atmen ist in der Stadt genauso viel vorhanden wie am Meer, auf dem Land oder in den Bergen. Ein Mensch macht grob überschlagen 20.000 Atemzüge an einem Tag, da kommt man mit einer Fla-sche nicht wirklich weit. (Sie können auch einfach eine Maschine erfinden, die reine Luft aus Stadtluft filtert und perfekte Luft ausspuckt. Dann noch ein Patent drauf und Sie haben nie wieder Sorgen.)

Vitalitys Mission ist es, den Menschen ein positives Gefühl zu verschaffen: mehr Reinheit und Gesundheit durch frische, abgefüllte Luft. Im ersten Moment hört sich die Idee der beiden Gründer ziemlich verrückt an. Die frische Luft aus den Rocky Mountains ist vielleicht eher eine Art Luxusartikel, was nicht bedeuten soll, dass das Produkt kein Erfolg ist. Denken Sie doch mal an Milchtüten aus Tetrapak-Papier. Zu einem früheren Zeitpunkt schien diese Entwicklung nicht gut bei den Konsu-menten anzukommen. Aber diese Produktverpackung hat sich schließlich durchge-setzt, anfänglichem Bedenken zum Trotz. Entscheidend sind hier die richtige An-sprache und ein gutes Marketing. (Selbstverständlich können Sie auch weiterhin Milch aus Flaschen trinken, wenn es Ihnen lieber ist.) Durch Vitality Air werden wir darauf aufmerksam gemacht, dass die Luft, die wir einatmen, nicht immer die bes-te ist und dieses Problem durch abgefüllte frische und vor allem reine Luft behoben werden kann. Wobei das Unternehmen erst eine Flatrate anbieten müsste, damit sich das Atmen der reinen Luft lohnt, denn was machen 150 von 20.000 Atemzü-gen schon aus? (Hier sind Ihre Mathekenntnisse gefragt.) Sie erschaffen also künst-lich für uns einen Mehrwert, der zur Behebung des Problems beitragen kann. Ich finde, das ist ein anschauliches Beispiel dafür, dass man durch ein gutes Marke-

ting und die richtigen Argumente selbst Luft zum Atmen verkaufen kann. Finden Sie nicht?

Ideen können auch um die Welt wandern. Ein Ticket nach Amerika ist zu teuer, um mal eben ein bestimmtes Produkt einzukaufen, das es nur in Amerika gibt. Burger & Fries essen oder zum regelmäßigen Baseballtraining zu gehen, wäre ziemlich umständlich. Geht das nicht auch hier? Testen Sie den Markt und erweitern Sie ihn. »Handel bringt Wandel« – und genau diesen Wandel können Sie bewirken. Es gibt noch viele Lücken, die gefüllt werden können. Da hilft Querdenken, Ausschau halten und das gewohnte Umfeld verlassen. Begeben Sie sich auf die Reise ins Unbekannte. (Klingt nach einem guten Buchtitel.)

Noch mehr Methoden der Ideenfindung

Sie merken, es gibt viele Möglichkeiten, Ideen zu entwickeln. Wer anstrebt, GoG zu werden, der kann sich allerhand Kreativtechniken bedienen. Die richtige Idee kann an jeder Ecke gefunden werden oder bestenfalls in Lücken. (Also vielleicht in einer schlecht beleuchteten Seitenstraße.) Auch prägende Erlebnisse der Kindheit können dafür genutzt werden – Enttäuschungen, Wünsche, Träume. Das hat schon zu allerhand Ideen geführt. (Na gut, Ihre Enttäuschung, etwa als Letzter beim Sport gewählt zu werden, ist nur bedingt nutzbar.)

Auch wenn Sie sich bestimmte Märkte anschauen, bekommen Sie ein gutes Gefühl dafür, wo Ideen gefragt sind und zu Produkten sowie erfolgreichen Geschäftsmodellen werden. Welche Märkte kennen Sie, in denen es Sinn macht, Produkte zu platzieren? (Ich habe Ihnen eine coole Rakete in den Hintergrund gemalt.) Ich nenne das bewusst Wachstumsmärkte:

Wachstumsmärkte:

1.

_____

_____

_____

2.

_____

_____

_____

3.

_____

_____

_____

Der Blick auf diese Märkte ist sehr hilfreich. Viele Branchen werden sich in der Zukunft rapide verändern. Denken wir nur an die Automobilbranche. In absehbarer Zeit wird es selbst fahrende Autos geben. Welchen Einfluss hat dies auf die Branche? Klar, die Autos muss jemand bauen. Die Autos werden aber sicher aufgrund ausgereifterer Technik nicht mehr alle 30.000 Kilometer neue Bremsen brauchen, sondern vielleicht nur noch alle 60.000 Kilometer. (Vielleicht durch neue Materialien sogar nur noch alle 90.000 Kilometer.) Das bedeutet einen massiven Einbruch für Kfz-Werkstätten. (Das ist jetzt eigentlich eher ein Beispiel für eine rückläufige Branche, Herr Autor!) Ja, das stimmt, andererseits können bestehende Werkstätten den Trend zum autonomen Fahren nutzen und so zukünftig vielleicht andere Leistungen anbieten wie spezielle Ladestationen oder den Einbau von zusätzlicher Technik.

Hier können Sie auch wunderbar Google Trends verwenden, das stelle ich Ihnen in Stufe 6 vor. (Langsam sollte Google eine ordentliche Provision zahlen. Vielleicht haben die das aber schon.)

Eine andere Technik, die ich dazu gerne verwende, nenne ich Ab-in-die-Zukunft. Wie das geht? Lernen Sie einen verrückten Wissenschaftler kennen und reisen Sie mit seinem in eine Zeitmaschine umgebauten DeLorean durch die Zeit. Nein, ernsthaft, ich nehme mir ein Blatt und einen Stift und male die Zukunft. Wenn Sie jetzt denken: »Okay, jetzt ist er völlig durchgeknallt«, bitte schön. Ich finde das sehr hilfreich.

Meine Zukunftsvision:

Das Interessante daran sind nicht Ihre Malkünste, sondern vielmehr das, was Sie gemalt haben. Beispiel? Gerne. Wenn Sie etwa Ufos oder verrückte Aliens gemalt haben, könnten Sie anfangen zu überlegen, was diese Ufos oder Aliens an Produkten zukünftig brauchen. Eventuell ein paar Ersatzteile oder menschliche Nahrung. Nein, mal ehrlich, richten Sie Ihren Blick in die Zukunft und Sie werden erkennen, dass dann ganz andere Produkte gefragt sein werden, als das aktuell der Fall ist.

Haben Sie schon ein bisschen mehr Ahnung, was Sie oben in die Wolke eintragen könnten? Egal ob Sie bereits etwas eingetragen haben oder nicht, über das Thema Problem haben wir doch schon eine Weile gesprochen. Sie merken, langsam müssen wir etwas konkreter werden. Aber keine Sorge, wenn Sie gerade nicht weiterkommen, legen Sie das Buch zur Seite und machen sich erst einmal ein Nutella-Brot. Solch eine Idee braucht Zeit, und die sollten Sie sich auch nehmen. Also gehen Sie raus und gehen Sie bewusster durch den Tag.

Ich habe noch kurz etwas Verrücktes mit Ihnen vor. Ich würde gerne mit Ihnen basteln. (Der Autor hat zu viel Wein getrunken.) Na gut, nicht wirklich basteln. Nennen wir es eine kleine Übung. Können Sie sich noch daran erinnern, wie Sie in Ihrer Grundschulzeit Papierflieger gebastelt haben? (Vielleicht habe ich das auch nur einsam auf dem Schulhof gemacht.) Nutzen wir doch mal die nächste Seite des Buches für eine kleine Übung. Was Sie brauchen? Eine Schere. Das war's. Schneiden Sie die Seite an der Linie entlang heraus und bauen Sie sich daraus einen Papierflieger mit dem Ziel, dass dieser möglichst weit fliegen kann. (Wenn Sie das Buch nicht verletzen wollen, können Sie auch ein Blatt Papier oder das Taschentuch Ihres Großvaters nehmen.)

Wie weit konnte das Ding fliegen? Wofür haben wir das Ganze jetzt gemacht? Natürlich bekommen Sie eine Erklärung. Wie sind Sie an die Aufgabe herangegangen? Haben Sie gleich losgelegt oder im Internet nach Falttechniken gesucht? Konnten Sie auf Ihre Erfahrung zurückgreifen oder haben Sie zum ersten Mal einen Papierflieger gefaltet?

Die Art und Weise, wie Sie Aufgaben angehen, spielt bei der Existenzgründung eine große Rolle. Sind Sie eher spontan und impulsiv oder planend und gut vorbereitet? Beides hat seine Vor- und Nachteile. Wichtig ist, dass Sie nicht aufgeben, wenn der Flieger nicht beim ersten Mal zehn Kilometer zurücklegt. Denken Sie besser darüber nach, welche kleinen Tricks helfen könnten, das gute Stück weiter fliegen zu lassen. Lernen Sie von anderen, vergleichen Sie sich mit Konkurrenten und optimieren Sie Ihre Idee immer weiter.

Eine Idee muss nicht zwangsläufig eine Weltneuheit sein, um in einem bestehenden Markt erfolgreich zu sein. Gerne würde ich Ihnen an dieser Stelle von Avance Aire (www.avanceaire.com) erzählen. Sind Sie schon einmal geflogen? Na, ich hoffe doch. Es gibt da ja allerhand Zeug, was man mit auf die Reise nehmen kann. Dazu gehören Nackenkissen, Kulturbeutel oder Schlafmasken. Genau hier setzt das Start-up an. Allerdings gibt es die erwähnten Reiseutensilien bereits auf dem Markt. Warum sollte es Sinn machen, noch weitere anzubieten? Nun, die Produkte von Avance Aire zeichnen sich durch eine besonders hohe Qualität aus und lösen nebenbei noch eine Vielzahl von Problemen, die mit bisherigen Produkten bestanden: kratzige Nähte, falsche Größen oder einfach schlechte Qualität. Max Hug verstand diese Probleme und baute sich ein kleines Reich an Reisezubehör auf.

Das Schöne an solchen Ideen ist, dass die Ausweitung des Produktportfolios unproblematisch ist. Bei Reisezubehör beispielsweise gibt es eine Menge an Möglichkeiten und Kunden. Wer einmal auf den Geschmack gekommen ist und die Produkte von Avance Aire zu schätzen gelernt hat, wird auch gerne die anderen Produkte des Sortiments nutzen. Es muss also nicht zwingend eine Innovation sein, um im Markt erfolgreich zu sein.

Je nachdem, wie wir Ihre Idee betrachten, werden sich sicher Vor- und Nachteile finden lassen. Diese sollten wir unbedingt gemeinsam sammeln. Das tun wir wie in der ersten Stufe mit einer kleinen Bewertung – ebenfalls von 1 bis 5 (sehr unwichtig bis sehr wichtig).

Vor- und Nachteile meiner Idee:

Vorteile meiner Idee	Bedeutung	Nachteile meiner Idee	Bedeutung

Es ist wichtig, Ihre Idee wirklich objektiv zu betrachten. Bitte schließen Sie Nachteile nicht aus, nur weil diese im ersten Moment negativ klingen. Wir haben ja schon in der ersten Stufe gelernt, mit Misserfolgen umzugehen, wenn der Flieger am Anfang nicht der Düsenjäger unter den Papierfliegern ist.

Um noch tiefer in die Materie einzusteigen, kann man zu recht kuriosen Methoden greifen. Kennen Sie beispielsweise die Methode der Assoziation? Bisoziation ist beinahe dasselbe. (Ein Fremdwort mit einem anderen erklären. Klasse.) Klingt ungewöhnlich, ist aber eigentlich sehr einfach. Man kombiniert schlichtweg unterschiedliche Dinge miteinander und erhält so ein komplett neues Bild. (Das heißt aber nicht, dass Sie Ihren Papierflieger nun mit Motor ausbauen sollen.) Auf den ersten Blick passen manche Dinge überhaupt nicht zueinander, doch gerade das hilft, um sich von alten Denkmustern zu lösen und auf neue, innovative Ideen zu stoßen. Einfach mal den Staub von der eigenen Festplatte abschütteln und abstrakt denken. Manchmal leichter als gedacht.

Denkt man beispielsweise an seinen Chef und an einen Affen, dann ergibt sich zumindest bei meinen Mitarbeitern meist ein sehr lustiges Bild: ein grinsender und winkender Affe mit wilder Frisur und frechem Kleidungsstil – zumindest für einen Affen. Selbst wenn es nicht zur nächsten Idee führt, machen solche Assoziationen das Arbeiten einfacher. Und das gibt natürlich auch wieder neue Denkkapazitäten frei: vielleicht ja für *die* Idee. Ein Auto, das die Straße saugt, ein Glas, das als Fernglas dient, oder der Schuh, mit dem man fliegen kann.

Und? Wie weit sind Sie mit Ihrer Idee? Ist sie schon da? Die Idee an sich ist der erste Schritt, reicht aber nicht aus. Thomas Edison hat mal einen schlauen Satz gesagt:

Genius is 1 % inspiration and 99 % transpiration.

Frei aus dem Englischen: Genie besteht aus einem Prozent Inspiration und 99 Prozent Schweiß. Also erst die Arbeit macht aus Ihrer Idee ein großartiges Geschäft.

Also müssen wir Ihre Idee dringend konkretisieren: einen Geschäftsplan aufstellen, die Idee genau beschreiben, etwas über den Markt, die Zielgruppe und das Marketing herausfinden. Warum ist Ihr Produkt besser als der Rest? Mit welchem Mehrwert werden zukünftige Kunden überzeugt?

Fragen kostet nichts – bringt aber viel. Freunde, Familie, die Oma an der Bushaltestelle können als Hilfe dienen, wenn Sie nicht mehr weiterwissen. Ja, sogar mich können Sie fragen. Genau dafür habe ich den Ideencheck eingerichtet, mit dem Sie schnell und einfach Feedback zu Ihrer Geschäftsidee von mir erhalten (www.team.coach-felix.de). Sie sehen also, Selbstständigkeit macht nicht einsam – ganz im Gegenteil. Sie werden auf Ihrer Reise als Unternehmer vielen Menschen begegnen, die Sie begleiten und Ihre Idee weiterbringen.

Gerne will ich Ihnen an dieser Stelle noch von einem anderen Start-up berichten.

Folgende Situation: Sie wollen sich nach einem langen Arbeitstag das Leben erleichtern und bestellen sich etwas zu essen. Auf einem Bestellzettel oder im Internet se-

hen Sie die leckersten Gerichte. Diese sind groß und farbenprächtig dargestellt, sodass Ihnen das Wasser im Mund zusammenläuft. Als die Bestellung dann endlich zu Hause angekommen ist, ist Ihre Enttäuschung groß: Die Farben glänzen nicht wie auf den Fotos, das Gericht ist viel kleiner als erwartet und außerdem ist es schon kalt. Sie sind in eine Marketingfalle getappt. Es passiert leider nicht selten, dass das Produkt, das Sie möchten, in Realität ganz anders ist, als es Ihnen versprochen wurde. Marketing hat nun einmal das Ziel, Produkte an den Mann zu bringen. Um diese auch möglichst gut zu verkaufen, müssen da manchmal ein paar Tricks herhalten. Doch spätestens nach dem Kauf fliegt der ganze Schwindel auf. Da stellt sich doch die Frage, ob es so etwas wie ehrliche Produkte noch gibt.

Ja, es gibt sie noch: Ein Paradebeispiel ist der Smoothie-Hersteller True Fruits. True Fruits hat es sich zur Aufgabe gemacht, Smoothies in ihrer Urform zu verkaufen, und zwar rein aus Früchten, zu 100 Prozent. (Mir ist bewusst, dass das konträr zu meiner Nutella-Einstellung läuft). Aber allein das Versprechen und das Produkt machen True Fruits noch nicht zu dem erfolgreichen Start-up, das es ist. In der Welt des Marketings fällt oft der Satz »Tue Gutes und rede darüber«. Diese Devise sollte sich jedes Unternehmen zu Herzen nehmen, denn letztlich ist jeder Kunde zufriedener, wenn er durch den Kauf beziehungsweise Konsum etwas Gutes getan hat. Denken Sie nur einmal an Biogemüse oder Fair-Trade-Kaffee. Um den Kunden zu zeigen, dass sich in den True-Fruits-Smoothies keine ungewünschten Inhaltsstoffe verstecken, setzt das Unternehmen gezielt Produktdesign ein. Auf der durchsichtigen Glasflasche sind jewells alle enthaltenen Früchte aufgeführt. Das sorgt für Transparenz. Außerdem wird der Verbraucher mit flotten Sprüchen, passend zu den Smoothies, überrascht.

Das Design kam gut an. Nicht nur, dass die lustigen Sprüche locker und zeitgemäß wirken, der Trend der gesunden Ernährung wurde auch als cool und frisch dargestellt. Dass gesunde Ernährung Spaß macht, wird Teil vom Nutzenversprechen. Aber nicht nur das vermittelt True Fruits. Statt auf günstiges Plastik zurückzugreifen, setzt das Unternehmen auf Glasflaschen. Diese sind zum einen wiederverwertbar und recycelbar und zum anderen stellen sie die Natürlichkeit der Smoothies sicher. True Fruits bleibt seiner Linie treu. Die Firma hält einen roten Faden, der sich durch die gesamte Marke zieht.

Ein roter Faden ist entscheidend, wenn es um die Vermittlung von Werten und Ideen geht. Wer hier ehrlich und vor allem authentisch auftreten möchte, sollte mit einer möglichst hohen Transparenz arbeiten. Denn nichts ist authentischer als Ehrlichkeit. Denken Sie nur an Ihre Essensbestellung zu Beginn. Wäre das Essen genauso appetitlich und frisch gewesen wie dargestellt und beschrieben, würden Sie sich sicherlich noch einmal für diesen Lieferdienst entscheiden, oder?

Nebenbei löst True Fruits ein Problem: das Problem, sich trotz knapper Zeit gesund zu ernähren. Ich esse leider viel zu selten gesund und das meistens, weil ich keine Zeit habe und der Weg zum Bäcker oder zur schnellen Pizza in der Mittagspause nur kurz ist. Na gut, andere Smoothie-Hersteller lösen das Problem auch, aber True Fruits kombiniert es eben mit einem intelligenten Marketing, aber dazu kommen wir noch.

Vielleicht haben Sie jetzt Durst bekommen? Dann ist jetzt ein guter Zeitpunkt für eine Pause.

Eine Methode will ich Ihnen gerne noch vorstellen, wenn wir uns schon so intensiv mit dem Thema Problem beschäftigen. Manchmal kann es helfen, ein Problem einfach umzudrehen. Beispiel? Gerne. »Wie können wir mehr Bücher verkaufen?« ist das Problem, das gelöst werden soll. Wenn wir das umdrehen, lautet die Frage: »Wie können wir weniger Bücher verkaufen?« Auf diese Frage Antworten zu finden, ist relativ einfach: einen schlechten Titel, ein nicht ansprechendes Design oder einen langweiligen Inhalt wählen. Umgedreht beantworten diese Punkte dann die eigentliche Ausgangsfrage. Können Sie mir folgen?

Eine funktionierende Idee nutzen

Ich liebe dieses Kapitel, weil ich jetzt am liebsten mit Ihnen an Ihrer Idee tüfteln würde. Natürlich muss es auch nicht immer eine eigene Idee sein, sondern es gibt auch andere Möglichkeiten. Dazu gehören zum Beispiel Franchisesysteme. Wenn Sie keine Idee haben, nutzen Sie eine bereits funktionierende. Eine eigene McDonalds-, Burger-King- oder Subway-Filiale, ein eigenes Fitnessstudio –

was wäre das schön! (Ja, Herr Autor. Den gesamten Tag Burger essen und dabei Geld verdienen – ein Kindheitstraum.)

Beim Franchising bekommen Sie genau diese Möglichkeit, nämlich ein schon funktionierendes Konzept zu nutzen. Der Begriff »Franchising« kommt ursprünglich aus dem Französischen: »Franchise« bedeutet die Befreiung von Abgaben beziehungsweise Gebühren ... Au contraire!

Für Ihre eigene Filiale stellt Ihnen ein Franchisegeber sein Konzept zur Verfügung. Der Franchisegeber bekommt dafür etwa eine Umsatzbeteiligung und Sie nutzen im Gegenzug eine schon etablierte Idee.

Franchising ist wie damals im Kindergarten, als Sie immer jemand an die Hand nahm. Zunächst ist es eine super Idee, jemanden zu haben, der auf einen aufpasst. Aber mit der Zeit wollen Sie bestimmt unabhängiger sein, mal ohne »Händchen halten« die Straße überqueren. Franchising hat Vor- und Nachteile – wie alles im Leben. Wenn wirtschaftliche Krisen entstehen, haben Sie als Franchisenehmer keine Kontrolle darüber, wie der Franchisegeber agiert beziehungsweise reagiert. Man muss allerdings anmerken, dass das nicht immer unbedingt ein Nachteil für Sie ist. Große Franchiseketten haben meistens mehrere Profis, die für die hoffentlich richtigen wirtschaftlichen Entscheidungen verantwortlich sind. In erster Linie müssen Sie Ihrem Franchisegeber vertrauen. Zudem können Sie am Anfang lernen, wie was wann und wo gemacht werden muss. So unterschätzen Sie nicht die Aufgaben und können erst mal »üben«, bis Sie bereit sind für Ihr eigenes großes Ding.

Falls der Franchisegeber die Kontrolle verliert und dem Gesamtunternehmen durch eine falsche Entscheidung wirtschaftlich schadet, werden auch Sie umgehend davon betroffen sein, selbst wenn Sie als Franchisenehmer alles richtig machen. Erinnern Sie sich noch an den Burger-King-Skandal? Als plötzlich wegen mangelnder Hygiene viele Filialen des Burgergiganten geschlossen wurden, gingen auch die Umsatzzahlen und Verkaufszahlen der einwandfrei funktionierenden Burger-King-Filialen runter. Dieses große Risiko müssen Sie bei dieser vermutlich einfachen Gründungsidee beachten. Entweder Sie tanzen auf Ihrem Geld wie Dagobert Duck oder Sie landen bei der Arbeitsagentur, wenn Ihr gesamtes Geld im Franchisesee untergegangen ist.

Es lässt sich aber festhalten, dass Franchising eine tolle Möglichkeit ist, sich etwas Eigenes aufzubauen, auch wenn man nicht die vollkommene Kontrolle über die Entscheidungen des Unternehmens hat. Also falls Sie die großen wirtschaftlichen Entscheidungen lieber Experten überlassen wollen, Sie möglicherweise noch keine eigene Idee haben und etwas umsetzen wollen, was sich bewährt hat, sollten Sie Franchising definitiv in Betracht ziehen. Suchen Sie im Internet nach Franchisemöglichkeiten und notieren Sie sich in den Notizen Konzepte, die interessant klingen.

Aber jetzt genug zu Franchising und auf zu neuen Ufern. Auch diese Stufe wollen wir mit einer Checkliste abschließen:

- ❏ Ich habe verschiedene Kreativmethoden getestet und auch Probleme gesucht.

- ❏ Die Idee ist ausgereift und ich habe das Ganze bis auf eine Quintessenz reduziert.

- ❏ Die Idee hat eine realistische Chance auf Umsetzung.

- ❏ Ich glaube zu 100 Prozent an meine Idee und ich kann andere von ihr überzeugen.

- ❏ Mir ist klar, dass meine Idee bereits jetzt in Konkurrenzverhältnissen steht.

- ❏ Ich habe die Idee den größten Kritikern vorgestellt.

Gerade der letzte Punkt ist extrem wichtig, wenn auch sicher der unbeliebteste. Es gibt ja solche Menschen, denen man einfach alles vorstellen kann und die dennoch alles »doof« finden. Da könnte man sagen: »Schau mal, ein Goldtopf für dich«, und sie würden antworten: »Der ist mir zu schwer.« Dennoch sind genau diese Leute wichtig: Sie brauchen sie, um Schwachstellen in Ihrer Idee zu finden und diese dann letztendlich zu beheben. Auch wenn die Kritik oft hart und unpassend ist, nehmen Sie sie mit, dadurch wird Ihre Idee nicht nur besser, sondern sie bereitet Sie auf das vor, was zukünftig kommt. Grummelige Griesgrame gibt es überall. (Kennen Sie den noch?)

Vertrauen Sie Ihren eigenen Kompetenzen, Ihren Stärken und vor allem Ihrer Idee. Selbstbewusstsein ist anziehend und erleichtert Ihnen den Weg. Realistisch, aber überzeugt von der eigenen Idee, diese Kombination ist erfolgreich. Wenn alle Punkte der Liste abgehakt sind, sind Sie bereit für die nächste Stufe. Vielleicht haben Sie eine Idee, die für die meisten Menschen unmöglich klingt, aber in einigen Jahren umsetzbar sein könnte? Hätte 2005 irgendjemand gedacht, dass wir mit Telefonen rumlaufen, die Videos und Bilder in HD-Qualität produzieren, ein Datenvolumen von mehreren Gigabyte haben und dünn wie ein paar Blatt Papier sind? (Ich wusste das natürlich schon damals.)

STUFE 3

»Wenn ich die Leute gefragt hätte, was sie brauchen, hätten sie geantwortet: ›Bessere Pferde‹.«

Henry Ford

Stufe 3:
Ein kleines Geschenk

Damit sind wir schon bei der dritten Stufe angekommen. Ich hoffe, das Tempo passt Ihnen. Nachdem wir uns mit Ihrer Idee auseinandergesetzt haben, wollen wir das Ganze jetzt konkretisieren und ein Produkt sowie ein funktionierendes Geschäftsmodell daraus machen.

Die Frage ist zunächst, was Sie anbieten wollen. Ein echtes Produkt (wie ein Glas Nutella) oder eine Dienstleistung (etwas, das man nicht direkt greifen kann). Es geht natürlich auch beides. Das nennt man dann Produkt-Service-Systeme (PSS). Doch alles der Reihe nach. (Das mit dem Greifen ist natürlich im übertragenen Sinn gemeint. Mich können Sie greifen, auch wenn ich Dienstleistungen anbiete.)

Die beiden Kernbereiche – also Produkt und Dienstleistung – unterscheiden sich vor allem dadurch, zu welchem Zeitpunkt der Kunde miteinbezogen wird, also wann und wo es eine Berührung mit dem Produkt gibt. Bei einer Dienstleistung geht das nicht so gut. Während die Fertigung eines Nutella-Glases ohne den Kunden stattfindet, gibt es bei einer Dienstleistung, etwa bei einer angenehmen Rückenmassage, einen unmittelbaren direkten Kundenkontakt, der Kunde wird also quasi Teil des Produktes. (Wäre sonst auch eine ziemlich langweilige Massage.) Ein weiteres relevantes Unterscheidungskriterium ist die Möglichkeit, das Produkt zu lagern. Gestapelte Massagen – schon mal gesehen? Mit den Nutella-Gläsern kriege ich das zu Hause wunderbar hin. Das hat auf Ihr Geschäftsmodell selbstverständlich erhebliche Auswirkungen, die es zu ergründen und zu bewerten gilt.

Nun zu den Produkt-Service-Systemen. Man versucht einfach, Produkte mit Dienstleistungen zu verbinden. Damit meine ich nicht nur den After-Sales-Service, sondern komplette Geschäftsmodelle, die darauf basieren. Wussten Sie beispielsweise, dass der Reifenhersteller Michelin dazu übergegangen ist, großen Speditionen nicht mehr halbjährlich Reifen zu verkaufen, sondern die Kosten für die Nutzung ihrer Reifen pro Kilometer zu berechnen? Michelin kümmert sich darum, dass regelmäßig die neuesten Reifen auf den Lkws sind und kann so für einen ständigen Einkommensstrom sorgen. Clever, oder? Das wäre so, wie wenn ich eine Beratungsflatrate anbieten würde. (Oder Nutella würde noch Ernährungskurse oder eher Diätkurse anbieten.)

Es geht darum zu testen, ob Ihre Idee am Markt erfolgreich sein kann. Die Geschäftsidee muss sich dem Endgegner stellen: Gibt es genügend Kunden dafür und ist die Idee überhaupt umsetzbar?

Um Ideen am Markt zu platzieren, muss also die technische, ökonomische und rechtliche Rahmenwelt passen. Ich wollte damit nicht Ihren Höhenflug beenden, doch natürlich will ich auch aufpassen, dass Sie nicht wirtschaftlich baden gehen.

Nutzen schaffen durch wertvolle Merkmale

Was der Unterschied zwischen einer Idee und einem Produkt ist? Eine Idee ist ein Gedanke – gerne auch schon ausformuliert. Ein Produkt beinhaltet wesentlich mehr und ist Bestandteil einer Wertschöpfungskette. Wollen wir also versuchen, aus Ihrer Idee ein Produkt zu machen, im Idealfall zu so einem, das die freundlichen Kunden auch kaufen. Dazu ist es erst mal wichtig zu wissen, was Ihr Produkt überhaupt ausmachen soll. Was ist der Nutzen, den ein potenzieller Konsument davon hat? Das nennt man die Value Proposition. Welchen Nutzen hat Ihr Produkt? Denken Sie einmal darüber nach und schreiben es hier auf:

Welchen Nutzen hat mein Produkt?

_____

_____

_____

_____

_____

_____

Und in diesem Kontext ist natürlich auch die Frage elementar, worin sich dieser Nutzen von anderen Produkten/Konkurrenzprodukten unterscheidet. Wie unterscheidet sich mein Produkt von denen der Konkurrenz?

_____

_____

_____

_____

_____

_____

Diese zwei Kernfragen stehen im Vordergrund und bilden die Grundlage dafür, einen USP zu finden. Was ein USP ist? Nun, USP steht für Unique Selling Proposition. Das bedeutet so viel wie einzigartiger Verkaufsgrund und dient als Abgrenzung zu Konkurrenzprodukten. (Ich klinge wie ein Lexikon.) Ich habe zu diesem Thema schon viele Gespräche geführt, meist mit dem gleichen Ergebnis: »Mein USP ist, dass ich das beste Produkt zum besten Preis mit dem besten Service anbiete.« Klingt toll, oder? Leider stimmt dies in den wenigstens Fällen. Der Trick: Es geht darum, seinen USP so zu wählen, dass der Kunde diesen auch als Mehrwert wahrnimmt und der USP einer Überprüfung standhält. Wenn ich einer hübschen Frau ein tolles Candle-Light-Dinner verspreche, mache ich auch nicht eine Dose Ravioli auf. (Zumindest gäbe es noch Brot dazu.) Ein kleiner Exkurs dazu: Ein Bierhersteller dachte sich das Gleiche: »Was könnte mein einzigartiger Grund für den Kunden sein, mein Produkt zu kaufen?« Und auch er kam auf die vorhin erwähnte Idee, wobei er ein kleines bisschen flunkerte. Er vermarktete sein Bier, indem er zusätzlich erwähnte, dass sein Bier gut für die Umwelt sei. Sie fragen sich jetzt wahrscheinlich, was in dem Bier wohl drin sein mag – Chiasamen, eine neue Art von Alkohol oder wohlmöglich sogar Feenstaub? Nichts von alledem. Die Idee dahinter war, es zu erwähnen, dass die Flaschen von diesem besagten Bier wiederverwendet werden. Sie werden gereinigt, neu etikettiert und wieder mit neuem genussvollen Bier befüllt. Doch was die meisten nicht wussten, war, dass dies alle Bierhersteller so machen. Nur dass dieser eine es eben in seiner Werbung erwähnte. Schlau, nicht wahr?

Schauen wir uns doch mal Ihre Unterscheidungsmerkmale an. Ist es Ihnen leichtgefallen, welche aufzuschreiben, oder gibt es gar nicht so viele Unterschiede zu Konkurrenzprodukten? In vielen Fällen existieren bereits ähnliche Produkte und deshalb ist es noch wichtiger, seinen Blickwinkel zu ändern. Es geht nicht darum, wo Sie die Vorteile Ihres Produktes sehen, sondern vielmehr darum, welche Eigenschaften für den Kunden überhaupt eine Rolle spielen. Ein Tool, das ich dabei sehr hilfreich finde, ist das Kano-Modell[1]. Es geht darum, die Eigenschaften eines Produktes zu finden, die für den Kunden im Idealfall über alle Maßen hinaus von Bedeutung sind. Ich erkläre Ihnen das gerne noch ein wenig genauer, da Sie damit gleich arbeiten müssen (oder sagen wir »dürfen«). Wenn Ihnen kein wirklich guter USP eingefallen ist, dann denken Sie sich einfach selber ein Alleinstellungmerkmal aus. Na, darf ich so was denn überhaupt?, fragen Sie sich jetzt vielleicht. Ich erlaube es Ihnen. Spaß beiseite – aber ja, es ist theoretisch erlaubt. Sie hätten gerne ein Beispiel dafür? Bitte sehr: Sie kennen sicherlich Mon Chéri, oder? Und Sie essen doch genauso wie ich die »Piemont-Kirsche« viel lieber als eine ganz gewöhnliche 08/15-Kirsche von einem ganz gewöhnlichen Baum. Oder etwa nicht? Na, wusste ich's doch. Doch war Ihnen bewusst, dass es gar keine Piemont-Kirsche gibt? Dies nennt man UAP (Unique Advertising Proposition). Sie schaffen sich also einen Wettbewerbsvorteil zu Ihren Mitbewerbern, indem Sie

---

[1]   siehe https://de.wikipedia.org/wiki/Kano-Modell

etwas schmackhaft machen und einen Vorteil erfinden. (Eines Tages werde ich definitiv verklagt.) Eine Waschmittelflasche hatte einmal keine Markierung in der Kappe zum Dosieren des Waschmittels. So haben die Verbraucher eine Zeit lang viel zu viel davon benutzt und der Hersteller dementsprechend viel mehr Waschmittel verkauft, da es schneller verbraucht wurde. Ein cleverer Trick mit einem negativen Beigeschmack. Wären Sie nach dem Vorfall weiterhin Kunde geblieben oder hätten Sie aus Trotz das Waschmittel gewechselt?

Aber zurück zum Kano-Modell. Man unterscheidet fünf verschiedene Merkmale. Das mache ich mal in einer kleinen Liste (ist einfach übersichtlicher):

1. Basismerkmale
Das sind solche, die selbstverständlich sind und die von den Kunden schon gar nicht mehr wahrgenommen werden.

2. Leistungsmerkmale
Diese führen dazu, dass Ihre Kunden zufrieden sind. Je nachdem, wie stark die Leistung letztendlich ist.

3. Begeisterungsmerkmale
Eigentlich nicht mehr schwer zu erklären: Begeisterungsmerkmale machen das Besondere eines Produktes aus. Es sind solche, die der Kunde häufig erst gar nicht erwartet.

4. Unerhebliche Merkmale
Das sind solche, die eigentliche keine Rolle spielen. Also theoretisch auch eliminiert werden können.

5. Rückweisungsmerkmale
Wenn Ihr Produkt diese Merkmale aufweist, wird das ganze Produkt in der Regel abgelehnt.

Ich weiß, meine wissenschaftlichen Definitionen sind nicht immer ganz sauber, aber ich denke, Sie wissen, was ich meine.

Ich gebe Ihnen gerne noch ein Beispiel. Nehmen wir doch mal dieses Buch. Als Basismerkmal kann man sicher festhalten, dass hier Sätze drinstehen, die einen Sinn geben. Als Leistungsmerkmale könnte man die Aufgaben anführen, die einen Mehrwert für Sie liefern. (Hoffentlich.) Begeistern kann ich Sie vielleicht, wenn ich Ihnen Informationen gebe, die Sie noch nicht gekannt haben und die Sie sofort nutzen können. Unerheblich wären sicher zehn Autogrammkarten von mir und zurückweisen würden Sie das Buch, wenn der Einband die Blätter nicht zusammenhielte. (Wobei das mit den Autogrammkarten doch toll wäre, oder?)

So, jetzt sind Sie dran. Versuchen Sie einmal, diese verschiedenen Merkmale für Ihr Vorhaben auszufüllen. Ich habe bewusst die ersten drei ein wenig anders dargestellt, um Ihnen das auch optisch zu verdeutlichen.

1. Basismerkmale

2. Leistungsmerkmale

3. Begeisterungsmerkmale

_____

_____

_____

4. Unerhebliche Merkmale

_____

_____

_____

5. Rückweisungsmerkmale

_____

_____

_____

Ich finde es toll, diese Merkmale zu sammeln. So bekommen Sie einen sehr guten Überblick darüber, welche Merkmale eine Rolle spielen, aber auch welche nicht. Es bringt niemandem etwas, wenn Sie Ihre Energie in Dinge stecken, die später irrelevant sind.

Das Kano-Modell würde ich gerne durch ein zweites, sehr wertvolles Tool ergänzen. Praktikermodus aktiviert. Schauen wir uns als Nächstes die Gegenüberstellung von verschiedenen Produkteigenschaften an.

Im Prinzip geht es darum, Kundenansprüche nach ihrer Wichtigkeit zu bewerten. Auf der x-Achse werden die Merkmale, die ein Produkt mitbringt/mitbringen kann, dargestellt. Die y-Achse zeigt, wie wichtig diese für die Konsumenten sind. Ich erkläre es an einem konkreten Beispiel:

Wenn wir uns etwa den Automobilmarkt anschauen, finden wir verschiedene Merkmale, die ein Auto mitbringt. Diese Merkmale werden von den Kunden nicht gleich bewertet hinsichtlich ihrer Wichtigkeit. Die Grafik zeigt das ganz schön von 5 (sehr wichtig) bis 0 (logischerweise unwichtig).

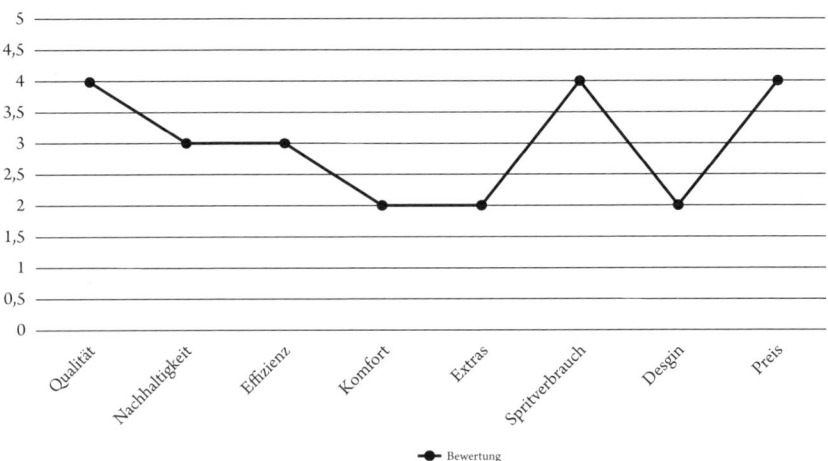

Was Kunden beim Auto wichtig ist (eigene Darstellung)

Wenn wir das Diagramm betrachten, erkennen wir recht schnell, dass etwa der Spritverbrauch beim Produkt Pkw eine besondere Rolle spielt. Wie man an solche Informationen kommt? Zum Beispiel durch Statistiken oder Marktanalysen. Wenn wir uns also einen Pkw-Anbieter anschauen, der mit Komfort und vielen Extras wirbt, könnte er gegenüber der Konkurrenz Schwierigkeiten haben, da diese Merkmale in der Wahrnehmung der Kunden keine große Rolle spielen. Es geht also abermals darum, die Merkmale zu finden, die dafür sorgen, dass Ihre Konsumenten Ihre Produkte lieben und so zu wirklichen Fans werden und dafür vielleicht auf solche verzichten, die unerheblich sind und die niemand wirklich braucht. (Mir ist bewusst, dass sich der Anspruch an Pkws auch hinsichtlich verschiedener Zielgruppen verschiebt.)

Noch interessanter wird es, wenn Sie dieses Modell auf die Konkurrenz anwenden. Ich bleibe bei unserem Automobilbeispiel. Auf der x-Achse haben wir ebenfalls die Merkmale, auf der y-Achse dieses Mal die Bewertung der Konkurrenz hinsichtlich dieses Merkmals. Wer das bewertet? Sie, die Kunden oder Ihre Großmutter.

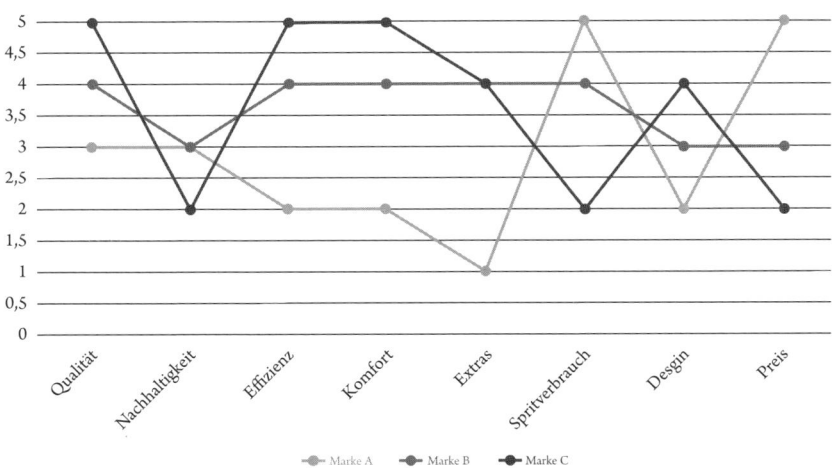

Bewertung von Automerkmalen: Markenvergleich (eigene Darstellung)

Was bringt Ihnen das Ganze jetzt? Mithilfe einer solchen Darstellung bekommen Sie einen wunderbaren Überblick über den Markt und die Möglichkeiten, Ihr Produkt hinsichtlich der Merkmale weiter zu schärfen. Finden Sie Schwachstellen der Konkurrenz und gleichzeitig die Merkmale, die für Ihre Kunden wirklich erheblich sind.

Ich möchte das noch durch eine Sache ergänzen. Wenn Ihr potenzieller Kunde Ihr Produkt nutzt, wie soll er sich dabei fühlen? Glücklich, zufriedengestellt, begeistert oder nicht besonders berührt? Die Frage ist essenziell. Das können wir auch wunderbar mit der Thematik Problem lösen verknüpfen. Wie sieht hier der Vorher-/Nachher-Vergleich aus?

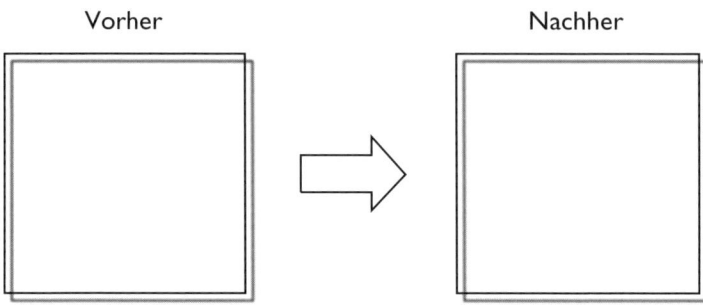

Sie können Ihren Kunden entweder vor und nach der Nutzung einzeichnen oder das Problem, wie es vorher besteht und durch Ihr Angebot gelöst wird. Und wenn Sie nur einen traurigen Smiley und einen lachenden einzeichnen, ist das auch in Ordnung. (Sie dürfen auch fiktive Fotos schießen.) Beispiel: Links steht der Kunde im Regen und rechts hat er einen Regenschirm. (Extrem hochwertiges Beispiel.) Ich finde es nützlich, dass sich dieser Vorher-/Nachher-Vergleich auch auf andere Bereiche übertragen lässt. Dazu gehören etwa Ihr Slogan, Ihre Kundenansprache oder sogar die Preiskalkulation.

Modellieren, was das Zeug hält

Nichts geht ohne eine gute Vorbereitung und einen systematischen Plan. Dafür eignet sich besonders ein gut strukturiertes Geschäftsmodell, das Ihnen hilft, einen Weg zu finden, um einen Mehrwert für Ihre Kunden zu schaffen. Ein Geschäftsmodell betrachtet dabei aber nicht, wie man denken könnte, den bestehenden Wettbewerb, den Markt oder die Strategie Ihrer Konkurrenz. Es beschäftigt sich mit der Organisation Ihres Unternehmens und mit Funktionen der einzelnen Elemente wie Schlüsselaktivitäten, Kostenstruktur oder Wertangebote. Aber sehen wir uns doch ein paar Modelle genauer an, um ein bisschen mehr Klarheit in die Sache zu bringen.

Flexibilität ist ein Schlüsselfaktor für Ihr Produkt, aber auch für Ihr Geschäftsmodell, um erfolgreich zu sein. Zeigen Sie sich anpassungsfähig in jeder Hinsicht, aber lassen Sie sich nicht verbiegen oder von Ihrer eigenen Linie abbringen.

Aber jetzt auf zum ersten Modell:

Freemium ist eine schöne Wortneuschöpfung aus Free und Premium, also auf Deutsch die Verbindung von freien und kostenpflichtigen Angeboten. Erinnern Sie sich einmal zurück an Ihre Kindheit. Sie gehen mit Ihren Eltern zum wöchentlichen Einkauf und stehen schließlich vor der Wursttheke der Metzgerei. Insgeheim haben Sie sich auf diese Einkaufsstation gefreut, denn Sie wissen, gleich reicht der Metzger Ihnen eine eingerollte Scheibe Wurst über die Theke. Darauf konnte man sich immer verlassen. Diese Wurst war natürlich immer kostenlos, sollte aber dazu führen, dass Ihre Eltern gleich mehrere Scheiben einkaufen, weil sie Ihnen ja so gut geschmeckt hat. In den meisten Fällen hat das funktioniert. Das Freemium-Modell beschreibt genau diese Situation: Ein Teil eines Angebotes ist für jeden frei zugänglich wie beispielsweise die kleine Wurst an der Fleischtheke, Käsehäppchen oder Musik eines Streamingdienstes. Zusätzliche Funktionen oder Extras wie beispielsweise Musikhören ohne Werbung oder mehrere Scheiben Wurst kann man dann kostenpflichtig ergänzen, also eine Art Premiumfunktion dazubuchen. (Eigentlich verführen die Metzger die Kleinkinder zum Fleischkonsum – ein Wunder, dass Vegetarier hier noch nicht auf die Barrikaden gestiegen sind.)

Jeder bekommt gerne Geschenke und damit lassen sich auch Kunden anlocken. Stellen Sie einen Teil Ihres Produktes vergünstigt oder umsonst zur Verfügung und locken Sie weiter mit einem Premiumprodukt mit exklusiven Extras. Machen Sie Ihr Produkt lediglich schmackhaft und geben Sie nicht alles kostenlos weg, denn dann wirkt Ihr Produkt nicht mehr besonders/qualitativ hochwertig, wenn es einfach so verschenkt wird. Stellen Sie sich doch mal vor, der Metzger würde gleich eine ganze Wurstrolle an Sie verschenken. Hätten Sie nicht auch das Gefühl, die Wurst wäre nicht mehr in Ordnung oder schlecht? Ich hoffe, Sie wissen, was ich meine. Also nur einen Teil Ihres Produktes verschenken. Und – schon eine Idee?

Long-Tail-Modell

Dieses Modell können Sie sich sehr bildlich vorstellen. Denken Sie einmal an eine Ratte mit einem scheinbar endlos langen Schwanz. (Na ja, nicht wirklich eine schöne Vorstellung.) Wenn Sie versuchen wollen, sie zu fangen, würden Sie vermutlich nach dem großen und dicken Körper greifen, anstatt sich die Mühe zu machen, den langen dünnen Schwanz zu erwischen. (Okay, eigentlich will niemand Ratten fangen. Geschweige denn den dicken Körper greifen.) Diesen Rattenschwanz kann man bildlich als eine Art Kurve des Marktes beschreiben. Im oberen bauchigen Teil finden wir Massenprodukte, die scheinbar immer und für jeden zur Verfügung stehen wie zum Beispiel die Milch im Supermarkt und alle anderen Produkte, die dort zum Standardsortiment gehören. Diese Produkte haben eine hohe Nachfrage bei den Konsumenten und werden in großen Mengen vom Markt bereitgestellt. Geht man den Schwanz weiter runter, treffen Sie auf Produkte, die von wesentlich weniger Händlern angeboten und nur von einigen wenigen Konsumenten gekauft werden. Dazu ein Beispiel von mir: Ich bin auf der Suche nach roten Hosenträgern und gehe dafür in die Stadt. Ich suche und suche und finde letztlich nur die Standardfarben Schwarz oder Braun, und wenn ich mich so umsehe, ist da auch niemand mit roten Hosenträgern. Ein neuer Versuch: Im Internet werde ich sicherlich fündig. Auf einer Webseite entdecke ich einen Shop, der besagte Hosenträger anbietet, und ich greife zu. Es gibt sie also doch in Rot, ich musste nur ein wenig danach suchen. Genauso wie meine Hosenträger gibt es unzählige Produkte, die nur in geringen Mengen zur Verfügung gestellt werden, da sie nur wenige haben möchten. Denken Sie beispielsweise an Musikgeschmäcker; sie könnten nicht vielfältiger sein und doch findet man auf YouTube oder SoundCloud jede erdenkliche Musikrichtung. Es muss nicht immer ein Produkt für alle angeboten werden, Sie können auch mit vielen Nischenprodukten eine große Nachfrage decken. Werden Sie also zum Rattenfänger.

Multi-sided-Platforms

Stellen Sie sich vor, Sie gehen auf den Wochenmarkt. Es ist voll und laut und es gibt alle möglichen Angebote von Gemüse über Fisch und Fleisch bis jegliche Art von Gewürzen. Jetzt stellen Sie sich einmal vor, es würden nur noch die Hälfte der Stände auf dem Markt stehen und gerade der einzige Stand mit Honig, bei dem Sie immer einkaufen, ist auf einmal nicht mehr dabei. Würden Sie das nächste Mal noch den Weg zum Markt auf sich nehmen? Vermutlich nicht, und genau so wird es auch vielen anderen gehen. Der Wochenmarkt stellt eine Art Plattform dar, die nur funktioniert, wenn Kunden und Händler gleichermaßen aufeinandertreffen und miteinander in Aktion treten. Ein anderes Beispiel aus der Kindheit: Sie sitzen in Ihrem Kinderzimmer und sind dabei, eine große Legowelt aufzubauen. Beim Bauen merken Sie, dass Ihnen langsam die Bausteine ausgehen, und betteln Ihre Eltern an, Ihnen neue zu besorgen, schließlich soll Ihre Welt die größte werden. Sie bekommen also neue Steine und bauen weiter. Irgendwann wird dann ein anderes Spielzeug viel interessanter und die vielen Legosteine landen in der Ecke. Solange Sie noch mit den Legosteinen gespielt haben, war da eine Nachfrage, die durch das Kaufen neuer Steine gedeckt werden konnte. Davon hat der Hersteller profitiert. In dem Moment, als Sie andere Interessen fanden, zerbrach das Netzwerk und der Händler blieb auf seinen Steinen sitzen. (Nun, sicherlich ist er wegen Ihnen nicht pleitegegangen, aber das Prinzip wird deutlich.) Manche Formen funktionieren nur in Interaktion zueinander und sind so gesehen abhängig voneinander, wie der Wochenmarkt oder Plattformen wie eBay oder Google, die Anbieter und Kunden gleichermaßen zum Bestehen brauchen.

Open-Business-Modell

Dieses Modell bezieht sich in den meisten Fällen auf die Forschung oder Entwicklung von Produkten und Techniken. Nehmen wir einmal an, Sie möchten einen sich selbst ladenden Handyakku entwickeln, aber Ihre eigenen Forscher fangen langsam an zu verzweifeln. Also holen Sie sich Hilfe von außen, von anderen Experten auf diesem Gebiet, die Ihnen helfen, diesen Akku auf den Markt zu bringen. Andersherum geht das natürlich genauso gut. Als kreatives Genie stellen Sie Ihre Innovationen einem Unternehmen zur Verfügung, das die nötigen Mittel hat. Eigentlich ist es ganz einfach: Statt geschlossen im eigenen Kreis eine Lösung zu entwickeln, öffnen Sie sich für externes Wissen und Expertise, genauso wie Sie dieses Wissen an andere zur Entwicklung weitergeben können.

Entflechtungsmodell

Vor Ihnen liegt ein riesiges Stoffknäuel, bestehend aus drei verschiedenen Stoffen, die miteinander verwickelt das Knäuel zwar ins Rollen bringen, aber einzeln keinen Nutzen haben. Nach stundenlanger Fummelarbeit stellt sich heraus, dass sich hinter dem Durcheinander drei wirklich schöne Stoffe befinden, die zwar alle zu gebrauchen sind, aber in ihrer Funktion unterschiedlicher nicht sein könnten. Sie finden feine Seide, die sich optimal für hochwertige Fliegen eignet, starkes Nylon, das sich für Verpackungen eignet, und kratzige Wolle für Winterpullover. Um keinen Kompromiss einzugehen, entscheiden Sie sich für die Seide, von der Sie meinen, am meisten profitieren zu können, und starten mit Ihrem Geschäft durch. Beim Entflechtungsmodell gehen wir davon aus, dass es wie beim Stoffknäuel drei Geschäftsfelder gibt, die normalerweise alleine bestehen, aber auch innerhalb eines Unternehmens zusammen bestehen können. Wie bei den Stoffen hat jedes Feld andere Funktionen und Ziele und kann somit gemeinsam nur durch Kompromisse funktionieren. Diese Geschäftsfelder sind in der Regel Kundenbeziehung, Produktinnovation und Infrastruktur. Sie können in einem Unternehmen zusammen funktionieren, aber auch zu Komplikationen führen, weil mehrere Märkte gleichzeitig bedient werden. Um das zu vermeiden, konzentriert man sich oft nur auf ein Element und verwirft die anderen, damit alle Ziele erreicht werden können. So wie bei den zerstrittenen Twix-Brüdern, die in zwei getrennten Fabriken zwei völlig unterschiedlich gleiche Riegel herstellten. Der eine Bruder hat den linken Riegel mit Karamell übergossen, der andere den rechten Riegel jedoch mit Karamell überzogen. Der linke Twix wurde mit Schokolade umhüllt, der rechte mit Schokolade ummantelt.

Wie Sie sehen, gibt es die unterschiedlichsten Geschäftsmodelle, die auf die verschiedensten Produkte oder Leistungen angewendet werden können. Sie sind aber vor allem dafür da, eine Orientierung zu schaffen, die dabei hilft, Mehrwert für Ihre Kunden bereitzustellen. Festlegen müssen Sie sich dabei aber nicht. Ändert sich im Laufe der Zeit vielleicht Ihr Produkt, können Sie genauso gut das Geschäftsmodell wechseln und neu durchstarten.

Welches Geschäftsmodell passt zu Ihnen und Ihrem Produkt? Dazu sollten Sie sich ausgiebig Gedanken machen. Gibt es zu Beginn etwas gratis, konzentrieren

Sie sich auf Nischen oder wollen Sie mit einer bestimmten Taktik den Massen-
markt erobern?

Mein Geschäftsmodell:

_____

_____

_____

_____

_____

_____

_____

_____

_____

_____

Auch dazu will ich Ihnen wieder ein Beispiel geben:

*Sie hören doch bestimmt auch gerne Musik, oder? Dann wäre es doch toll, genau
das zu hören, worauf man gerade Lust hat. Genau das macht Deezer. Deezer ist
ein kostenloser Onlinestreamingdienst für Musik, auf dem Sie Ihre Lieblingskünstler
finden und mit Freunden teilen können. Eigene Playlisten erstellen oder live die neus-
ten Tracks verfolgen? Bei Deezer kein Problem. Über das SmartRadio und Webradio
sind Sie hautnah dabei, wenn Ihre Stars auf der Bühne stehen. Sie denken, Sie kennen mehr Songs als jeder andere? Na, mal sehen. Im Musikquiz gegen Ihre Freunde können Sie Ihr Wissen unter Beweis stellen. Bei allen gilt stets das Motto »Hör
das, was du hören willst«, von Heavy Metal über Indie Rock bis zu Hip-Hop. Überall, online oder offline, zu jeder Zeit. Wem das noch zu wenig ist, kann ganze Play-*

listen mit dem passenden Musikvideo genießen. Und das Beste daran: All das gibt es gratis. Wer ohne Werbung und im vollen Umfang Deezer nutzen möchte, kann sich dann für 9,99 Euro das Premium-Abo kaufen. Das ist doch eigentlich ein ganz interessantes Geschäftsmodell, oder? Deezer stellt Ihnen eine Playlist zusammen, indem es Ihre Songs analysiert und Ihnen ähnliche Titel vorschlägt. So müssen Sie nicht mehr selber danach suchen, was Ihnen gefallen könnte, sondern es wird Ihnen automatisch angezeigt. Praktisch oder?

Wem dürfen wir für viele Stunden musikalischer Highlights danken? Daniel Marhely aus Frankreich. Er stand genau vor diesem Problem: entweder Songs kaufen oder illegal herunterladen. Beides nicht gerade die attraktivsten Optionen. Es musste also ein Ort geschaffen werden, an dem die unzähligen Lieder kostenlos gehört werden konnten. So erblickte im Jahr 2006 Blogmusik.net das Licht der Welt und wurde zum Wallfahrtsort für Musikliebhaber, Künstler und Lables. Ziemlich schnell sammelten sich Hits und Tracks aller Genres an, die schnell die Aufmerksamkeit aller auf sich zogen. Nahezu perfekt, doch dann machte Universal Music Daniel einen Strich durch die Rechnung. Die Musik soll nicht legal auf der Plattform gelandet sein. Gezwungenermaßen musste Blogmusik.net eingestellt werden, zur großen Enttäuschung der Fans. Aber anstatt seinen Traum auf Eis zu legen, ging Daniel mit den Labels und Künstlern in Verhandlung – mit Erfolg. Die Labels stimmten zu und Blogmusik.net stand aus der Asche als neuer Phönix Deezer auf. Der erste legale kostenlose Streamingdienst in Frankreich entstand. Inzwischen ist Deezer in über 180 Ländern verfügbar und kann auch auf dem Smartphone für Höhenflüge sorgen. Wenn ich einmal überlege, wie oft ich unterwegs meine Playlisten abrufe, könnte man glatt meinen, dass ich mein Leben inzwischen durch Hintergrundmusik zu einem wahren Spielfilm erweitert habe. Da komme ich mir ohne Kopfhörer manchmal echt verloren vor.

Mit dem Okay der Labels in der Tasche wächst das Musikimperium immer weiter und lockt Künstler aller Nischen aus ihren Höhlen. Durch lustige Werbeauftritte, in denen jeder nur das hört, was er hören will, und Kooperationen mit Handyanbietern wird es noch interessanter. Die Fans sind begeistert und feiern die große Musikauswahl. Aber gerade in Sachen Musik geht immer noch ein bisschen mehr und wenn wir mal ehrlich sind, nerven Werbeunterbrechungen nirgends so sehr wie beim Eintauchen in musikalische Welten. Ein perfekter Aufschwung für ein Premium-Ange-

bot, bei dem die Qualität der Lieder ebenfalls Teil der Erweiterung ist. Aber es geht immer noch ein bisschen mehr. Unterhaltungs- und Sportangebote kommen in Premium+ mit ins Rennen.

Am Anfang stand da ein Problem, nämlich dass es keine legalen Streamingdienste für Musik in Frankreich gab. Als Musikliebhaber wollte Daniel dieses Problem für sich und seine Freunde lösen und schaffte eine Plattform, auf der genau das möglich war: eine riesige Auswahl an Musik, alles legal und kostenlos. Deezer hat es geschafft und wächst weiter. Und genau das ist es doch, was ein gutes Start-up ausmacht. An der Idee dranbleiben und bei Kursschwankungen den Mut haben, auch mal die Strategie oder das Geschäftsmodell zu ändern und zu optimieren, um zum wohlverdienten Erfolg zu kommen.

Es gibt natürlich auch andere Streaminganbieter. Ich denke, das wissen Sie. Nicht, dass mir jemand Schleichwerbung vorwirft. Vielleicht nutze ich ja einen ganz anderen Service.

Wir haben also einen Blick auf Ihren USP, Kundenansprüche und unterschiedliche Geschäftsmodelle geworfen. Gerne würde ich mich noch ein bisschen mit Ihrem Produkt beschäftigen. Das gehört schließlich auch hierher.

1. Eine gute Verpackung lässt häufig auf einen guten Inhalt schließen. Versuchen Sie, hier möglichst hohe Qualität zu erzielen.

2. Welchen Service bieten Sie vor, während und nach dem Kauf an? Unterscheiden Sie sich von anderen.

3. Wenn Sie eine Einnahmequelle gefunden haben, suchen Sie nach weiteren. Wenn Sie Einnahmen durch Produktverkäufe erzielen, versuchen Sie darüber hinaus, wie Sie durch zusätzliche Dienstleistungen Geld verdienen können.

4. Seien Sie bereit für Veränderungen und passen Sie Ihr Produkt- und Geschäftskonzept den Veränderungen an.

Auch hier möchte ich gerne einen Punkt betonen. Werfen Sie einmal einen Blick auf Punkt 1. Welche Rolle spielt die Verpackung bei Ihrem Produkt? Glauben Sie nicht, dass es nur Verpackungen bei Produkten gibt! Auch Dienstleistungen lassen sich wunderbar verpacken. Stellen Sie sich einmal folgende Situation vor: Ich komme in Ihr Büro und bringe ein riesiges Geschenk mit. Ganz toll eingepackt in hochwertiges Papier und mit einer goldenen Schleife. Wären Sie begeistert? Bestimmt. Wer mag schon keine Geschenke? (Vielleicht fänden Sie die Situation aber auch nur suspekt.) Wenn ich jetzt mit einem Geschenk kommen würde, das wesentlich kleiner ist und die Form eines Buches hätte und in Zeitungspapier eingewickelt wäre, wären Sie dann immer noch begeistert? Wahrscheinlich, aber nicht wie in unserem ersten Beispiel. Nun, woran liegt das? Klar, zum Großteil sicher daran, dass das Geschenk kleiner ist, aber auch daran, dass es nicht so liebevoll eingepackt ist. Die Verpackung eines Produktes ist da nicht anders. Die Größe und die Gestaltung der Verpackung spielen eine große Rolle.

Was lernen Sie daraus? Machen Sie sich ausgiebig Gedanken zu Ihrer Verpackung. Also etwa zum Namen, der auf der Verpackung steht, und wie Sie die ganze Sache übergeben. Versetzen Sie sich in die Situation, dass Ihre Produkte Geschenke sind und Sie diese feierlich übergeben. Ich höre dann oft als Einwand, dass das mit Dienstleistungen nicht funktionieren würde. Aber das tut es sehr wohl – sehr gut sogar. Wenn ich Ihnen meine Dienstleistung anbiete, habe ich viele Möglichkeiten:

»Wir sind eine Gründungsberatung und beraten Sie bei der Existenzgründung.«

Da läuft es mir schon eiskalt den Rücken runter. Warum? Weil niemand Beratung braucht. Ja, niemand braucht Beratung. Warum sollte ich Geld ausgeben für jemanden, der mir etwas erzählt? Nein, die Kunden brauchen keine Beratung. Die Kunden brauchen Lösungen für konkrete Probleme und in der Gründungsberatung gibt es zwei große Probleme:

1. Woher kriege ich Geld?
2. Woher kommen Kunden?

Manchmal ist das so einfach. Natürlich gibt es auch noch andere Fragen, aber die meisten dieser Fragen sind letztendlich nur kleine Vorboten zu diesen beiden. Was sind die elementaren Fragen zu Ihrem Produkt?

_____

_____

_____

_____

_____

Mir ist bewusst, dass das nicht immer so einfach ist. Darum noch ein Beispiel. Wenn Sie ein Kosmetikinstitut eröffnen, dann wollen die Kunden keine High-techbehandlung, sondern die Kunden wollen schöne Haut oder weniger Falten. Denken Sie also ganz genau darüber nach, was am Ende dieser Kette steht, denn das ist der entscheidende Punkt, um Kunden zu gewinnen. Die elementare Frage ist hier also: Wie kann ich besser und jünger aussehen?

Eine Frage, die sich immer stellt, ist diejenige, wie viele Produkte Sie eigentlich anbieten. In vielen Fällen wird das nämlich nicht nur eins sein, sondern mehrere. Ein Modell, das ich an dieser Stelle sehr hilfreich finde, ist die BCG-Matrix. BCG steht hier für Boston Consulting Group – eine große Unternehmensberatung. Bei der BCG-Matrix geht es darum, sein Angebot hinsichtlich zweier Faktoren zu bewerten. Auf der x-Achse ist der relative Marktanteil und auf der y-Achse das Marktwachstum dargestellt. Jetzt können Sie erwidern: »Herr Thönnessen, ich habe doch noch gar keinen Marktanteil.« Ja, das stimmt, aber lassen Sie uns einfach mal von Ihrer zukünftigen Planung ausgehen. Ich hoffe, Sie erkennen, worauf ich hinauswill. Eine klassische BCG-Matrix sieht dann so aus:

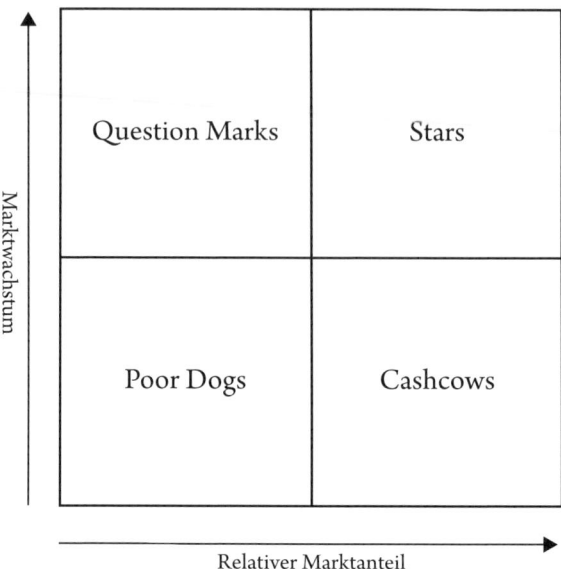

Marktwachstum

Relativer Marktanteil

BCG-Matrix[2]

Ich finde, die Beratung hat sich tolle Namen ausgedacht, die sind nämlich nicht von mir. Was bedeutet das jetzt alles? Nun, Sie versuchen, Ihre Produkte – basierend auf den zwei Achsen – zu bewerten. Welche Produkte sind in einem Markt platziert, der wächst, und welche in einem, der eher schrumpft? Wie gesagt, einen eigenen Marktanteil haben Sie noch nicht, aber vielleicht können Sie basierend auf Ihren Einschätzungen das zukünftige Szenario ein wenig abzeichnen. So entstehen dann die oben genannten Felder, in die Sie Ihre Produkte einordnen.

Mithilfe dieser Matrix lassen sich auch Einnahmepotenziale der einzelnen Bereiche skizzieren. Vielleicht haben Sie Produkte, die zu Beginn gleich für Umsatz sorgen werden aufgrund von Kontakten oder bereits losen Zusagen. Auf der anderen Seite haben Sie vielleicht auch solche, die ihre Zeit brauchen werden, aber in Wachstumsmärkten platziert sind.

---

2   vgl. http://www.bcg.de/bcg_deutschland/geschichte/klassiker/portfoliomatrix.aspx

Versuchen Sie doch einmal, Ihre Produkte in diese BCG-Matrix einzutragen.

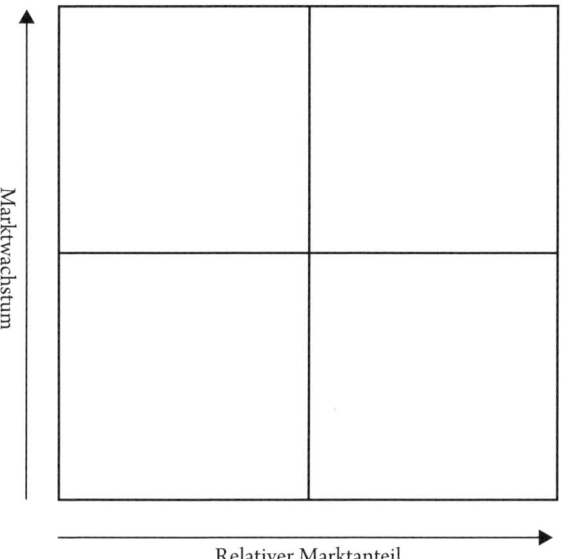

Produkte durchlaufen verschiedene Phasen, wenn sie in den Markt eintreten. Es beginnt mit der Einführungsphase, quasi der Geburt des Produktes. Wie ein Kind muss es erst noch laufen lernen und ist ohne fremde Hilfe völlig aufgeschmissen. In dieser Phase ist es noch relativ schwer abzuschätzen, ob das Produkt sich im Markt durchsetzen wird oder nicht. Werden die Interessenten erst einmal auf das Produkt aufmerksam, beginnt die Wachstumsphase. Die Masse möchte mehr von Ihrem Produkt haben, es wird stetig bekannter und Sie erzielen die ersten Umsätze. (So weit die Theorie.)

Aber mit den Kunden kommt auch die Konkurrenz. Sie merkt, dass Sie Kundenwünsche erfolgreich erfüllen, und möchte an Ihren Gewinnen teilhaben. Um sich also weiter durchzusetzen und weiterzuwachsen, steht die ständige Verbesserung und Entwicklung von Alternativen im Vordergrund. Wenn Sie es schaffen, an erster Stelle zu bleiben, sind Sie schnell der Star. Aber irgendwann erreicht jedes Wachstum seinen Höhepunkt, an dem auch der Umsatz sein Maximum erreicht. Ihr Produkt befindet sich in der Blüte seines Lebenszyklus, es hat eine feste Stellung im Markt erreicht, die Kunden sind von Qualität und Preis überzeugt und kaufen es aus Überzeugung. Aber hohe Beliebtheit und Ansehen bringen auch Konkurrenz mit sich, die immer auf mögliche Schwächen Ihrerseits wartet, um Ihnen die zahlenden Kunden zu nehmen. Aber wie gesagt, jedes Wachstum hat ein Ende, die Kunden sind gesättigt und so geht auch langsam der Umsatz zurück. Auch ein Produkt kommt irgendwann im Herbst seines Lebens an. Es wird alt und zerbrechlich, der Wettbewerb ist inzwischen so groß geworden und technische Innovationen haben Ihr Produkt bereits ausgehebelt.

An dieser Stelle haben Sie vier Möglichkeiten, weiter vorzugehen. Entweder nehmen Sie das Produkt vom Markt, solange es noch Gewinne statt Verluste erzielt. Damit würden Sie es nach und nach von der Bildfläche verschwinden lassen. Eine andere Möglichkeit wäre die Diversifikation, wobei es hier drei Ansatzpunkte gibt. Damit soll erreicht werden, dass neue Märkte um das bestehende Produkt erzielt werden. Horizontal wäre das etwa die Erweiterung Ihres Produktes durch neuere Produkte beispielsweise aus denselben Materialien. Das Produktprogramm ändern können Sie auch durch Erweiterungen von Geschäftsfeldern oder Programmtiefen, indem Sie entweder zum Ursprung Ihres Produktes gehen oder mit bisherigen Ergebnissen arbeiten. Das nennt man dann auch die vertikale Diversifikation. Dann gibt es noch die laterale Diversifikation, die nichts mehr mit dem Produkt zu tun hat, es aber anstrebt, mit einem völlig neuen Produkt für das Unternehmen neue oder untypische Märkte zu erzielen. Diese Variante ist zwar am risikoreichsten, kann aber auch den größten Erfolg erzielen. Statt den eigenen Markt zu verlassen, kann auch die Entwicklung von neuen Produkten und Innovationen den vorhandenen Kundenstamm auffangen. Können Sie sich aber doch noch nicht ganz von Ihrem ursprünglichen Produkt trennen, kann es helfen, einen anderen Markt zu bedienen, der bisher noch gar nichts von Ihrem Produkt gehört hat. Befinden Sie sich bereits in der Reifephase, sollten Sie sich bald den nächsten Schritt überlegen. Oft ist ein Ausstieg nicht zwingend nötig und kann durch Innovationen, Veränderungen oder neue Märkte verhindert werden. Sie haben die Wahl.

Warum das bereits für GoGs relevant ist? Machen Sie sich gleich zu Beginn Gedanken, wie lange Ihr Produkt am Markt bestehen kann und ob Ihr Produktlebenszyklus vielleicht schon in absehbarer Zeit dazu führt, dass Sie Anpassungen vornehmen müssen.

Zu guter Letzt unsere Checkliste, damit wir wieder ein paar Häkchen machen können.

❒ Ich habe das Produkt konkret definiert, Unklarheiten wurden beseitigt.

❒ Das Geschäftsmodell wurde auf das Produkt abgestimmt und ist ausgewählt.

❒ Alle Voraussetzungen, um die ersten Produktionsschritte einleiten zu können, sind getroffen.

❒ Ich habe allumfassende Kenntnisse über den aktuellen Entwicklungsstand. Da macht mir keiner etwas vor.

❒ Über gesetzliche Ansprüche habe ich mich detailliert informiert und weiß, welche mich betreffen werden.

❒ Ich kenne die Ansprüche meiner Zielgruppe bezogen auf mein Produkt.

STUFE 4

*»Alle Angestellten müssen so gut sein,
dass ich meine Mutter zu ihnen schicken möchte.«*

Sara Hürlimann

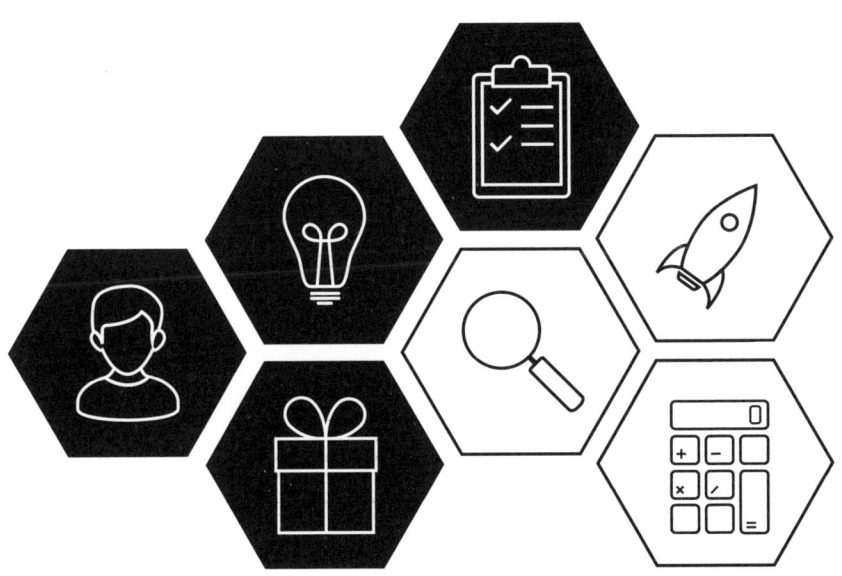

Stufe 4: Das Genie überlebt das Chaos

Wow, wir sind schon bei Stufe 4. Es geht doch voran, oder? Ich hoffe, Sie kommen mit meinen kleinen Aufgaben zurecht. Ich gebe mir jedenfalls Mühe, es abwechslungsreich zu halten. In der vierten Stufe will ich mich gerne mit Ihnen über elementare Dinge unterhalten, ohne die die Existenzgründung nicht klappt. Fangen wir mit dem Businessplan an.

Plan der Möglichkeiten

Ihnen schwirren die wildesten Fantasien im Kopf herum und Sie möchten endlich Ihre Idee in die Tat umsetzen. Haben Sie sich schon Gedanken über einen gut strukturierten Businessplan gemacht? Auch die beste Idee kann nicht umgesetzt werden, wenn dahinter kein gut durchdachter Plan steht. Dafür ist der Businessplan geeignet. Er soll Ihnen und auch möglichen Geldgebern einen Überblick über Ihre Pläne und Ziele geben. Da baut sich natürlich zunächst jede Menge Druck auf, oder? »Wie schreibt man nun einen Businessplan richtig, da gibt es doch so viele Faktoren zu beachten!« Im Prinzip besteht der Businessplan aus drei großen Bausteinen: dem Nutzen Ihres Produktes und Ihnen selbst, einer Marktanalyse und einer Übersicht der Finanzen.

Das Ziel eines Businessplanes ist es, andere von Ihrer Idee zu überzeugen, im Idealfall zu begeistern. Also stellen Sie sich den Teil über sich und Ihr Produkt doch einfach wie ein Vorstellungsgespräch vor. Sie müssen hier Selbstmarketing betreiben und vor allem Ihre Stärken in den Vordergrund stellen. Was macht Ihr Produkt so einzigartig oder besser als das der Konkurrenz? Versuchen Sie, mit Vorteilen zu punkten, um hervorzustechen.

Sie müssen immer daran denken, dass Ihr Gegenüber sich vielleicht noch nie mit dem Markt, in den Sie eintreten wollen, beschäftigt hat, deshalb ist dieser Teil zum Verständnis des Wettbewerbs besonders wichtig. An dieser Stelle ist ein bisschen Detektivarbeit gefragt. Durchleuchten Sie Ihre Konkurrenz: Was sind deren Stärken und Schwächen? Wo sind Lücken, die Sie füllen können? Wenn Sie gute Vorarbeit leisten, haben Sie eine genaue Übersicht darüber, wie Sie sich im Markt positionieren und welche Chancen Sie haben, im Markt zu wachsen. Hier bauen Sie Argumente auf, warum Sie besser sind als alle anderen. (Ich weiß, das klingt nach einer ziemlichen Herausforderung.)

So, und da sind wir beim Knackpunkt angelangt. Der schweißtreibende Punkt, mit dem Sie die Investoren höchstwahrscheinlich schocken werden, aber bei guter Vorarbeit trotzdem von sich überzeugen. Finanzplanung, ohne überhaupt das Geschäft gestartet zu haben, ist natürlich schwierig, da es sich nur um mehr oder weniger geschätzte Zahlen handelt.

Haben Sie keine Scheu davor, einen Businessplan zu schreiben. Auch wenn es zunächst ziemlich zäh ist, geht es doch letztlich darum, Ihre Idee zu planen, zu präsentieren und zu kalkulieren. Es erfordert natürlich Mühe und Zeit, aber ist der Businessplan erst einmal fertig, dürfen Sie gerne ein Bier aufmachen. Sammeln Sie Informationen, lassen Sie sich inspirieren und nehmen Sie Ratschläge von Experten an, wenn Sie mal nicht weiterwissen. Sie fangen ja gerade erst richtig an. Also, Vollgas. Oder fragen Sie Personen, die bereits einen Businessplan geschrieben haben, ob sie Ihnen dabei helfen könnten, oder Sie fragen einfach mich. Ich helfe Ihnen natürlich auch gerne. (Auch das habe ich in der Toolbox *www.team.coach-felix.de*.)

Ich stelle mir einen Businessplan immer als ein Antwortbuch vor. (Sehr professionelles Vokabular, Herr Autor!) Wenn ich einen Businessplan schreibe, dann schreibe ich erst mal eine Menge Fragen auf. Und da wir hier ein Team sind, habe ich Ihnen meine wichtigsten Fragen aufgeschrieben. Nehmen Sie sich gerne ein Blatt und einen Stift und fangen Sie schon einmal an. Sie können dafür auch die Notizen am Ende verwenden. Ich habe dem Ganzen Überschriften gegeben, diese können Sie wunderbar auch für Ihren Businessplan als Kapitelüberschriften verwenden. Deal?

Gründungsprofil

1. Welche Vorkenntnisse können Sie aufweisen?
2. Haben Sie bereits Erfahrungen im Produktbereich?
3. Wie lange beschäftigen Sie sich schon mit dem Konzept/der Idee?
4. Welche Qualifikationen bringen Sie mit?
5. Wie sieht Ihr bisheriger Werdegang aus?
6. Wer kann Sie noch unterstützen?

Ihre Idee/Ihr Produkt

1. Wie lautet Ihre Geschäftsidee?
2. Welche Produkte wollen Sie anbieten?
3. Wie wollen Sie damit Geld verdienen?
4. Brauchen Sie Genehmigungen?
5. Welche Vorteile, welchen Nutzen hat Ihr Produkt?
6. Ist das Produkt schon entwickelt?
7. Warum sollten Kunden Ihr Produkt kaufen?
8. Welche Ressourcen benötigt Ihr Angebot?
9. Wo soll produziert werden?
10. Zu welchem Preis wollen Sie Ihr Produkt anbieten?

Organisation

1. Gibt es bereits bestehende Kooperationen?
2. Wie viele Mitarbeiter sollen einbezogen werden?
3. Welche Rechtsform soll Ihr Unternehmen haben?
4. Welche Versicherungen und Absicherungen sind notwendig?

Markt/Zielgruppe/Wettbewerb

1. Wie sehen Sie selber Ihre Zielgruppe?
2. Gibt es schon Kunden?
3. Sprechen Sie die Masse oder eine Nische an?
4. Welche Informationen haben Sie bereits zum relevanten Markt?
5. Wie groß ist der Markt und welches Potenzial bietet er?
6. Wo soll das Produkt angeboten werden?
7. Gibt es bereits eine Immobilie?
8. Welche Konkurrenten sind auf Ihrem Markt vorhanden?

Marketing und Vertrieb

1. Wie gestalten sich die Vertriebswege?
2. Gibt es bereits Vertriebspartner und, wenn ja, welche?
3. Wie sind die bisherigen Ansätze zur Vermarktung?
4. Wie soll das Produkt bekannt gemacht werden?
5. Wie soll das Unternehmen nach außen hin präsentiert werden?
6. Über welche Kanäle soll mit den Kunden kommuniziert werden?
7. Über welche Kanäle soll geworben werden?

Finanzkalkulation

1. Wie viel wollen Sie in Werbung investieren?
2. Mit welchen Kosten rechnen Sie monatlich?
3. Welche Investitionen müssen Sie zu Beginn tätigen?
4. Mit welchen Umsätzen rechnen Sie in den ersten Jahren?
5. Mit welchem Gewinn rechnen Sie in den ersten Jahren?
6. Wie wollen Sie sich zu Beginn finanzieren?

Weitere Planung

1. Soll Ihr Angebot zukünftig erweitert werden?
2. Soll sich Ihr Standort vergrößern?
3. Wollen Sie Ihr Angebot auch international anbieten?
4. Was sind die Ziele für die nächsten Jahre?

Ich mache es Ihnen noch ein wenig einfacher:

Unter *www.team.coach-felix.de* finden Sie eine Vorlage, die Sie für Ihren Businessplan nutzen können. Zeit gespart.

»Nach unserer Überzeu-
gung gibt es kein größeres
und wirksameres Mittel zu
wechselseitiger Bildung als
das Zusammenarbeiten.«

Johann Wolfgang von Goethe

Eine Marke bauen

Eine meiner Lieblingsfragen, wenn es um das Thema Start-ups geht, betrifft den Firmennamen. Eigentlich kann man sich damit 100 Jahre beschäftigen. »Der Name unseres Unternehmens bedeutet auf Althebräisch ›Erfolg‹.« Das ist toll, aber wie viele Leute wissen das? Wenn ich 100 Leute auf der Straße anspreche, wie viele können Althebräisch? Also, worauf kommt es bei einem Namen an? Und über welchen Namen sprechen wir hier überhaupt? Nun, einmal gibt es den Firmennamen, der nicht zwangsläufig mit dem Markennamen übereinstimmen muss. Nutella ist der Markenname und Ferrero der Firmenname. Wenn ich zusammen mit Start-ups nach Namen suche, dann gehe ich immer eine kleine Checkliste durch. Die stelle ich Ihnen gerne einmal vor.

- ❑ Domainname noch verfügbar.
- ❑ Name rechtlich nicht durch andere geschützt.
- ❑ Bedeutung des Namens in anderen Sprachen überprüft.
- ❑ Name aussprech- und schreibbar.
- ❑ In der Zukunft auch noch passend.
- ❑ Name passt zu meinem Vorhaben.
- ❑ Name leicht merkbar.
- ❑ Seltsame Verwechslungen ausgeschlossen.

Eine Erklärung gibt es natürlich auch: Ob eine Domain frei ist, können Sie einfach im Internet überprüfen. (Ich denke, das kriegen Sie auch ohne mich hin.) Auch der zweite Punkt ist recht einfach machbar. Nutzen Sie etwa das Markenregister des deutschen Marken- und Patentamtes (DPMA), um das zu überprüfen.

Es wäre ja schade, wenn Ihr Name auf Arabisch »Misserfolg« bedeutet. (Wäre auf jeden Fall zu vermeiden.) Auch dazu hilft das Internet, zum Beispiel der Google Translator. Der nächste Punkt liegt mir ganz besonders am Herzen. Ich liebe tolle Namen, aber bitte wählen Sie einen, der ausgesprochen werden kann. Wie sollen andere Sie empfehlen, wenn Ihr Name viel zu kompliziert ist? Also bitte: Einfach ist manchmal besser.

Auch hinsichtlich des letzten Punktes sollten Sie den Namen überprüfen. Wenn Ihr Name etwa »Besel« ist (ich wähle mal ein ganz einfaches Beispiel), dann liegt es doch nahe, dass man hier etwas verwechseln könnte.

Welchen Namen haben Sie sich überlegt und was bietet sich als Begründung dafür an?

Name	Name	Name
Bedeutung/Begründung	Bedeutung/Begründung	Bedeutung/Begründung

Wenn Sie mit hundert Menschen über den Namen sprechen, bekommen Sie hundert verschiedene Meinungen. Die wichtigste? Ihre.

Neben dem Namen spielt natürlich auch das visuelle Erscheinungsbild eine entscheidende Rolle. Wir brauchen also ein Corporate Design, etwas, das nach außen wirkt und die Marke um die grafische Darstellung ergänzt. Grundlage für die Erstellung eines Corporate Designs ist die Auswahl der richtigen Farben. Ich könnte Ihnen jetzt zehn Seiten über die Wirkung von Farben niederschreiben, aber Farben wirken auf jeden anders und dann haben wir am Ende wahrscheinlich ein Malbuch. (Eigentlich kann ich das nicht, weil ich davon ausnahmsweise keine Ahnung habe.) Als König der Brücken greife ich das aber gerne auf. Ich würde Sie bitten, sich an dieser Stelle Gedanken zu machen, welche Farben zu Ihrer Marke und dem Produkt passen, und diese hier einzuzeichnen.

Meine Farben:

Ich habe bewusst nur drei Felder gewählt, da es selten ratsam ist, mehr Farben zu wählen. Wenn Sie keine Buntstifte haben, können Sie auch den Namen der Farbe eintragen. Vergessen Sie bitte eins nicht: Ihr Corporate Design sollte sich im Idealfall durch Ihr gesamtes Unternehmen ziehen. Vom Logo bis hin zur Einrichtung, Arbeitskleidung, zu Ihren Flyern, Ihrer Website und vielleicht sogar Ihrem Produkt.

Ein Beispiel: Wenn ich Ihnen sage, Sie sollen an ein gelbes »M« mit einem roten Hintergrund denken, wissen Sie sofort, welche Unternehmenskette ich damit meine. Früher zumindest war nicht nur das Logo in diesen Farben gehalten, sondern auch die Räumlichkeiten, das »Maskottchen«, die Flyer und sogar die Tablette. So schafft man ein Branding, das sich in allen Köpfen festsetzt. Also wählen Sie die Farbe bewusst aus und denken Sie bereits jetzt voraus.

Nachdem wir die Farben definiert haben, sollten wir uns dem Logo widmen. Das Logo als visuelles Kennzeichen eines Unternehmens hat eine große Bedeutung. Ich sehe häufig zuerst das Logo, bevor ich etwas von dem Unternehmen weiß. Natürlich können Sie auch mit Paint ein tolles Logo erstellen und werden am Ende reich. Nein, das wird nicht passieren. Lassen Sie bitte einen Experten ran. Aber was dieser Experte braucht, ist ein gutes Briefing. Sätze wie »Ich möchte ein schönes Logo« sind ohne Wert. Briefen Sie den Grafiker richtig und machen Sie sich vorher Gedanken, was Ihr Logo ausdrücken soll. Welche Vorstellungen haben Sie von Ihrem Logo, wie könnte es Ihrer Meinung nach aussehen? Hier dürfen Sie also ein bisschen zeichnen oder malen. Keine Sorge, ich kann das auch nicht, aber Sie sollten in jedem Fall Ihre eigenen Vorstellungen einfließen lassen.

Meine Logo-Vorstellung:

Geklappt? Ich hoffe, es sieht nicht so fürchterlich aus wie bei mir. Das wäre schade: Kunst – 6. Setzen.

Um die Markenbildung abzuschließen, finde ich es hilfreich, die Stimmung einzufangen, die Sie mit Ihrer Marke zum Kunden transportieren wollen. Das kann man am besten mit einem sogenannten Moodboard. Auf ein Moodboard klebt man Bilder, Zeichnungen oder andere Materialien, die die Stimmungswelt ausdrücken, die Ihr Start-up transportieren will. Eigentlich nimmt man sich am besten einen Karton, aber wir haben ja unser Arbeitsbuch. Schneiden Sie beispielsweise Bilder aus Magazinen aus, zeichnen Sie etwas dazu und kleben Sie alles hier rein. Mir ist bewusst, dass das sehr nach Kunstkurs klingt, aber Stimmungen kann man am besten durch Bilder einfangen:

Mein Moodboard:

So erhalten Sie einen guten Überblick darüber, was Ihr Start-up letztendlich ausdrücken soll. Das lässt sich auch auf die Einrichtung, die Websitegestaltung und
viele andere Elemente übertragen.

Ich merke, wir müssen ein bisschen Gas geben, weil in der Stufe 4 viele wichtige Entscheidungen anstehen. Na ja, eigentlich stehen überall wichtige Entscheidungen an, aber ich wollte das noch mal betonen.

Kämpfen Sie nicht an jeder Front gleichzeitig, strukturieren Sie nicht nur Ihr Unternehmen, sondern auch Ihren eigenen Tag. Reihenfolge und Priorisierung sind manchmal alles.

Organisieren Sie sich

Ich würde gerne einen kleinen Ausflug mit Ihnen machen. Nicht in den nächsten Zoo, aber zumindest in die wunderbare Welt der Mitarbeiter. Vielleicht brauchen Sie gleich zu Beginn Mitarbeiter oder nachdem der Start gemacht ist – wann auch immer. Woher nehmen Sie diese?

Woher kommen Mitarbeiter?

- ❑ Von meinem letzten Arbeitgeber
- ❑ Von Onlinejobbörsen
- ❑ Aus meinem Freundes- oder Bekanntenkreis
- ❑ Von Start-up-Gruppen oder -Plattformen
- ❑ Aus Zeitungen oder Zeitschriften
- ❑ Von der Arbeitsagentur
- ❑ Aus Social-Media-Plattformen
- ❑ _____
- ❑ _____

Sie sehen, es gibt viele Möglichkeiten, Mitarbeiter zu akquirieren. Nutzen Sie bestehende Netzwerke wie Facebook-Gruppen oder Ihr privates Netzwerk, um die richtigen Leute zu finden. Sie müssen nicht für alles eine teure Stellenanzeige schalten.

Weiterhin ist es wichtig zu wissen, welchen Anspruch Sie an diese Mitarbeiter stellen und welche Attribute Ihnen wichtig sind. Auch dazu habe ich Ihnen eine kleine Liste gebastelt. Wofür die gut ist? Das erkläre ich gleich.

Meine wichtigsten Attribute bei der Mitarbeitersuche:

	1	2	3	4	5	6	7	8	9	10
Erfahrung	O	O	O	O	O	O	O	O	O	O
Fachliche Kompetenz	O	O	O	O	O	O	O	O	O	O
Eigeninitiative	O	O	O	O	O	O	O	O	O	O
Teamfähigkeit	O	O	O	O	O	O	O	O	O	O
Selbstbewusstsein	O	O	O	O	O	O	O	O	O	O
Sympathie	O	O	O	O	O	O	O	O	O	O
Engagement	O	O	O	O	O	O	O	O	O	O
Gepflegtes Äußeres	O	O	O	O	O	O	O	O	O	O
Schulische Bildung	O	O	O	O	O	O	O	O	O	O
Motivation	O	O	O	O	O	O	O	O	O	O
_____	O	O	O	O	O	O	O	O	O	O
_____	O	O	O	O	O	O	O	O	O	O
_____	O	O	O	O	O	O	O	O	O	O
_____	O	O	O	O	O	O	O	O	O	O

Ich habe zehn verschiedene Attribute gewählt, die Sie bei der Bewertung Ihrer Ansprüche heranziehen können. Natürlich können Sie die Liste auch noch weiter fortsetzen. Dafür habe Ihnen vier Felder ans Ende gefügt. (Manchmal bin ich selbst überrascht, wie vorausschauend ich bin.)

Jetzt können Sie die einzelnen Attribute bewerten auf der Skala von 1 (sehr unwichtig) bis 10 (sehr wichtig). Damit sind wir aber natürlich an dieser Stelle noch nicht fertig. Wir wollen das nutzen, um schon im persönlichen Gespräch mit einem Kandidaten die Spreu vom Weizen zu trennen.

Schauen Sie sich Ihre Liste oben an. Was sind die drei Punkte, denen Sie die höchste Relevanz beimessen? Welche drei Punkte spielen für Sie die größte Rolle? Warum wir das brauchen? Weil ich möchte, dass Sie aus diesen drei Punkten jeweils eine Frage ableiten, und diese Frage stellen Sie dann im Vorstellungsgespräch. So bekommen Sie gleich ein Gefühl dafür, wie der Bewerber in den für Sie wichtigen Bereichen aufgestellt ist. Formulieren Sie diese drei Fragen hier:

Bewerbungsfrage 1:

_____

_____

_____

Bewerbungsfrage 2:

_____

_____

_____

Bewerbungsfrage 3:

_____

_____

_____

Ich hoffe, Sie verstehen, worauf ich hinauswill. Es geht darum, Ihren Anspruch zu definieren. Nur so finden Sie die richtigen Leute und können die richtigen Fragen stellen. Klar, oder? Die Antworten können Sie gerne auch hinten in die Notizen eintragen. (Ich hoffe, da ist noch Platz.)

Abschließend zu der Thematik finde ich es hilfreich, sich vor Augen zu führen, was Ihnen bei Ihren bisherigen Arbeitgebern gefallen hat und was nicht. Hier sehen Sie konkrete Anknüpfungspunkte, was Sie anders, besser oder vielleicht genauso machen sollten.

Mein bisheriger Arbeitgeber:

Was hat mir gefallen?	Was würde ich besser machen?

Und wenn es nur kostenloses Wasser oder Hausschuhe für die Mitarbeiter sind, machen Sie sich Gedanken und nutzen Sie das für Ihr eigenes Unternehmen. Wussten Sie, dass bei Katjes überall Weingummis rumstehen, an denen sich die Mitarbeiter bedienen können? Toll, oder? Aber nicht, dass Sie jetzt alles hinschmeißen und zu Katjes wechseln. (Stellen Sie sich das mal bei Ferrero vor – oh mein Gott.)

Das nächste Thema (Sie merken, wir haben ordentlich Gas aufgenommen), das ich mit Ihnen angehen möchte, sind die Versicherungen, die Sie brauchen, um Ihr Vorhaben und sich selbst abzusichern. Immer wieder werde ich gefragt, welche Versicherungen für GoGs eine Rolle spielen. Dies pauschal zu beantworten, ist leider nicht möglich. Aber wir wollen ja Mehrwert schaffen. Mithilfe dieser kleinen Liste kommen Sie in diesem Thema ein Stück weiter.

Welche Versicherungen sind für mich relevant?

Gefahrentyp	Unternehmensrisiko: Welches Risiko hat Ihr Unternehmen?		
	Hohes Risiko	Mittleres Risiko	Geringes Risiko
Brand, Explosion	❑	❑	❑
Auf benachbarte Grundstücke übergreifendes Feuer	❑	❑	❑
Sturm	❑	❑	❑
Leitungswasser	❑	❑	❑
Einbruchdiebstahl	❑	❑	❑
Maschinenbruch	❑	❑	❑
Warentransporte	❑	❑	❑
Betriebsunterbrechung durch Feuer	❑	❑	❑
Maschinenschaden	❑	❑	❑
Energieausfall	❑	❑	❑
Verseuchung	❑	❑	❑
Computerausfall	❑	❑	❑
Betriebshaftpflicht	❑	❑	❑
Umwelthaftpflicht	❑	❑	❑
Produkthaftpflicht	❑	❑	❑
Kraftfahrzeughaftpflicht	❑	❑	❑
Eigene Kraftfahrzeugschäden	❑	❑	❑
Unfallschäden (Kasko)	❑	❑	❑
Beraubung, Sabotage, Unterschlagung	❑	❑	❑
Forderungsausfall	❑	❑	❑
Auslandsrisiken	❑	❑	❑

Quelle: Gesamtverband der Deutschen Versicherungswirtschaft e. V.

Mit dieser Liste können Sie auch wunderbar zu einem Versicherungsmakler gehen oder genau nach den entsprechenden Versicherungen, die diese Risiken abdecken, suchen. (Also einfach ausschneiden.) Natürlich können Sie sich gegen alles versichern, was es so gibt, aber dann zahlen Sie eine Million Euro pro Monat – und das ist vielleicht dann doch ein bisschen viel, oder? (»Verseuchung« ist auch etwas, das hoffentlich niemals passiert. Zumindest in unserem Büro bisher nicht.)

Natürlich geht es in dieser Stufe auch um generelle organisatorische Dinge, die in Ihrem Start-up eine Rolle spielen werden. Organisieren kann ich am besten, wenn ich vorher weiß, welche Aufgaben anstehen, und diese dann priorisiere. Gerade wenn Sie vor dem vermeintlichen Berg stehen, wird das sehr hilfreich sein.

Ich stelle mir dann immer drei Fragen, die mir helfen, die anstehenden Aufgaben einzuteilen:

1. Was muss unbedingt erledigt werden?
2. Was muss noch erledigt werden?
3. Was kann noch warten?

Ich empfehle Ihnen, diese Priorisierung in drei Stufen vorzunehmen. Das hilft, glauben Sie mir. (Ich fange etwa immer mit dem an, worauf ich am meisten Lust habe, die Taktik bitte nicht unbedingt übernehmen.)

Auch unangenehme Aufgaben in Ihrem Unternehmen müssen erledigt werden. Das Aufschieben dieser Dinge ist ein bekannter Zeitfresser und hindert Sie zusätzlich noch daran, andere Aufgaben mit voller Kraft zu erfüllen. Befreien Sie sich von der Last unangenehmer Aufgaben und bearbeiten Sie diese zügig.

Ich arbeite eigentlich immer sehr gerne mit Checklisten. (Als ob Sie das noch nicht wussten!) In Ihrem Fall bietet sich vielleicht eine Dreiteilung an. Also, welche Aufgaben stehen vor dem Launch (bevor es ein Produkt gibt und Sie verkaufen), welche währenddessen und welche danach an? So haben Sie auch bezogen auf die Zeit eine gute Übersicht.

Vor dem Launch: Während des Launches: Nach dem Launch:

❑ _____   ❑ _____   ❑ _____
❑ _____   ❑ _____   ❑ _____
❑ _____   ❑ _____   ❑ _____
❑ _____   ❑ _____   ❑ _____
❑ _____   ❑ _____   ❑ _____
❑ _____   ❑ _____   ❑ _____
❑ _____   ❑ _____   ❑ _____
❑ _____   ❑ _____   ❑ _____

Im zweiten Schritt können Sie diese Aufgaben priorisieren. Dazu empfehle ich Ihnen die Aufteilung von eben. Was unbedingt erledigt werden muss – Priorität 1. Was erledigt werden muss – Priorität 2. Was noch warten kann – Priorität 3. Neben dieser Planung sind Kontakte elementar. Ich finde es hilfreich, sie alle zur Hand zu haben. Warum also nicht gleich hier eintragen? Ich habe hinten im Buch Platz für die zehn wichtigsten Kontakte gemacht, vor allem der letzte ist extrem wertvoll.

Daneben werde ich immer wieder gefragt, welche Bank für GoGs die richtige ist. Ich würde Ihnen gerne eine nennen und vielleicht eine dicke Provision kassieren. Leider ist das in jeder Stadt eine andere, weil auch die Menschen andere sind und der eine Bankangestellte mehr und der andere weniger Lust auf seinen Job hat. Entschuldigen Sie meine plumpe Aussage, aber gerade im Bankensektor habe ich diese Erfahrung gemacht. »Start-up-Bank« auf die Fahne schreiben ist nicht schwer, ein auf Start-ups ausgerichtetes Geschäftsmodell zu haben, ist ein anderes Thema. Welche Bank kommt für Sie infrage? Ihre Hausbank? Oder doch eine andere? Meist sind nicht die monatlichen Kosten, sondern der dahinterstehende Service ist entscheidend. Ein Geschäftskonto empfehle ich Ihnen übrigens unbedingt. Alles andere führt dauerhaft zum Durcheinander. Chaos kann sicher auch mal lebendig sein, an dieser Stelle aber bitte nicht.

Es gibt nichts, was man sich nicht kaufen kann. Na ja, zumindest gibt es viele Dinge, die sich ohne erheblichen Aufwand besorgen lassen. Schuhe, Smartphone, Elektronik, Lebensmittel, dafür muss ich nicht einmal mehr den Weg in die Stadt machen. Dank Inter-

net geht das alles auch online ganz bequem vom Sofa aus. Praktisch, finden Sie nicht? Ich kaufe unheimlich gerne online ein, allein schon wegen der Zeit, die ich dabei spare. Aber wenn es um große Investitionen geht, nehme ich doch lieber den Weg in ein Geschäft auf mich. Da geht es allerdings jedem ein bisschen anders – was jeden Händler zu Beginn seiner Karriere vor die Frage stellt, über welchen Weg er seine Kunden erreichen möchte.

Also: Wie erreichen Sie Ihre Zielgruppe am besten? Einzelhandel oder Onlineshop? Oder doch lieber beide Kanäle gemeinsam nutzen? Und wenn wir schon über Kanäle sprechen: Wie soll Ihr Marketing eigentlich aussehen? (Fragenkarussell.) Diese Fragen stellte sich auch das Start-up Stilnest. Stilnest verkauft Modeschmuck für junge Frauen, filigran bis auffallend. Dabei unterscheidet sich das Angebot von anderen Schmuckherstellern durch einen kleinen entscheidenden Produktionsschritt. Begeistert von den neuen Möglichkeiten des 3-D-Druckers, dachte sich Geschäftsführer Julian Leitloff, dass das traditionelle Thema Schmuck durch die innovative Technik einen interessanten Impuls erhalten könnte. So entstand die Idee, Ohrringe, Ketten und Co. mit dem 3-D-Drucker herzustellen. Der Schmuck erhält nur noch den letzten Schliff über das traditionelle Handwerk. Irgendwie verrückt, oder? Um ortsunabhängig zu sein und bei möglichst vielen Menschen bekannt zu werden, entschieden sich die Gründer für einen Onlineshop. Bedenkt man, dass die Kundengruppe aus jungen Erwachsenen besteht, scheint dieser Kanal gut gewählt zu sein.

Natürlich ist der Standort ein entscheidender Faktor, aber eben nicht der einzige. Wichtig ist außerdem die richtige Ansprache der Zielgruppe. Dafür gestaltete Stilnest seine Webseite wie eine Art Blog, mit viel Content rund um den angebotenen Schmuck, sei es eine Geschichte zum Muttertag oder seien es zehn Dinge, die zu einem perfekten Festival-Outfit gehören. Die Kundinnen bekommen durch die Geschichten eine Art Leitfaden, wie sie den Schmuck am besten tragen können. Aber durch wen nehmen gerade Frauen am ehesten Trends, Tipps und Tricks an? Durch ihre medialen Vorbilder, Testimonials und Stars.

Heutzutage schreit alles nach dem Vertriebsweg Internet. In manchen Fällen spricht aber auch viel dafür, eine Idee lokal und mit einem klassischen Einzelhandelsgeschäft zu forcieren. Die Frage haben wir uns im Team auch schon häufiger gestellt. Macht es überhaupt noch Sinn, ein schönes Büro et cetera aufrechtzuerhalten oder sollten wir unsere Dienstleistungen nur noch online anbieten? Vor einiger Zeit haben wir unser Projekt »Coach Felix« gestartet und setzen hier vor allem auf Content und Tipps für Start-ups. Es ist wie ein kleiner Stern, der noch wachsen kann. Hoffentlich zumindest, ansonsten muss ich noch mehr Bücher schreiben. (Ich platziere meine eigene Werbung immer sehr unauffällig.)

So, nun wollen wir uns mit dem Thema Rechtsformen auseinandersetzen. Dazu habe ich mir etwas überlegt, das Sie auf der nächsten Doppelseite finden. Jedes Geschäft beginnt mit einer Idee. Jetzt heißt es, zu dieser Idee die richtige Rechtsform zu finden. Ich habe ein Schaubild für dieses Buch entwickelt, das einen guten Überblick über die verschiedenen Rechtsformen gibt.

Fangen wir doch mal an mit dem Spaß. Um die passende Rechtform zu finden, müssen Sie ein paar Fragen beantworten. So hangeln Sie sich quasi von Ast zu Ast, bis Sie Ihre Banane gefunden haben. (Na gut, das Symbol muss ich noch mal bearbeiten. Merken für die zweite Auflage.)

Zunächst steht die Frage im Vordergrund, ob Sie sich persönlich vor etwaigen Haftungen schützen wollen beziehungsweise müssen. Natürlich könnten Sie die Frage immer mit »Ja« beantworten, aber meist ist dies mit einem erhöhten Gründungsaufwand verbunden. Es gibt auch spezielle Versicherungen, die Ansprüche Dritter schützen. Ich denke, das kriegen Sie hin.

Wenn Sie sich gegen den Haftungsausschluss entscheiden, ist die nächste entscheidende Frage, ob Sie allein oder im Team gründen wollen. Darüber haben wir schon gesprochen. Allein? Sehr gut, dann geht es nur noch darum, ob Sie sich in einem freischaffenden Beruf selbstständig machen oder ob Sie klassisch mit Produkten handeln wollen. Wenn Sie im Team gründen, gibt es gleich mehrere Möglichkeiten (siehe Schaubild).

Abschließend gibt es noch die Fälle ohne persönliche Haftung. Hier ist die Stammeinlage, die Sie aufbringen, das entscheidende Kriterium für die entsprechende Wahl.

Mir ist bewusst, dass dies nur eine grobe Übersicht ist und keinen Besuch beim Steuer- oder Unternehmensberater ersetzt, aber ich denke, so haben Sie eine gute Übersicht.

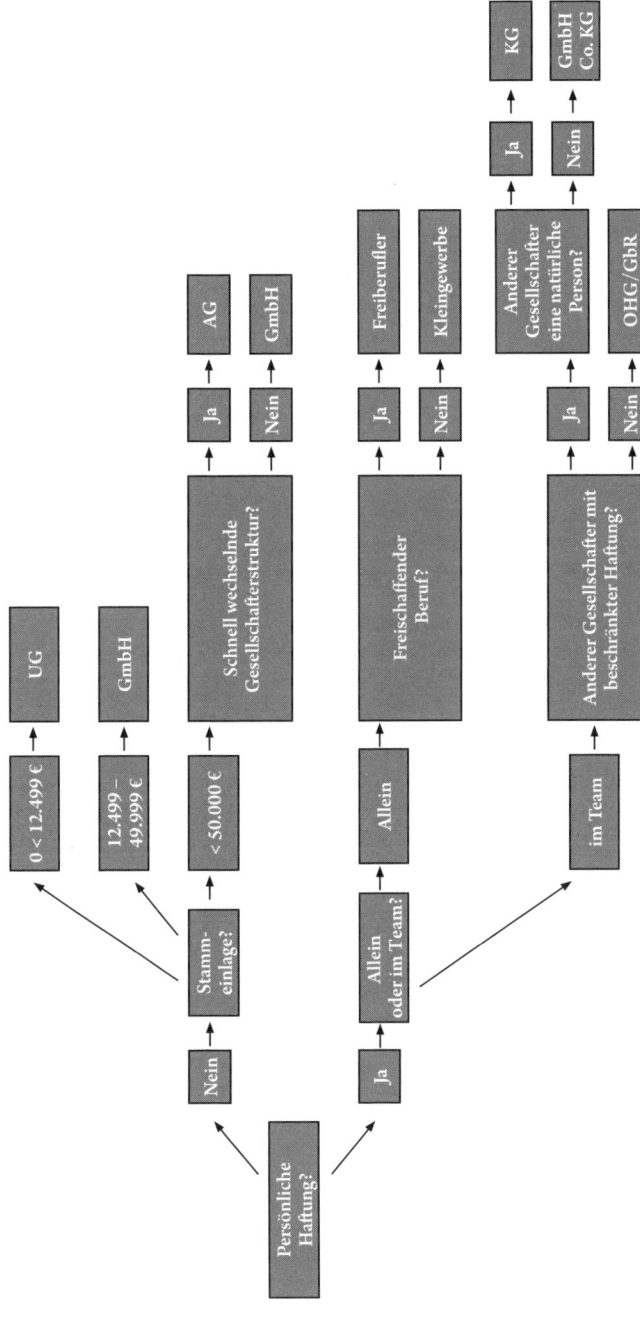

Die Rechtsformen im Überblick

Auch hier will ich Ihnen noch eine kleine Checkliste mit auf den Weg geben:

☐ Ich habe die für mich passenden Versicherungen gefunden.

☐ Ich habe eine Standortwahl getroffen und weiß, wo ich meine Produkte anbiete.

☐ Die bevorstehenden Personalentscheidungen habe ich auf Notwendigkeit hinterfragt und ich weiß, welche Ansprüche ich an potenzielle Mitarbeiter stelle.

☐ Die Wahl der Rechtsform habe ich erfolgreich getroffen.

☐ Ich weiß, wo ich mein Geschäftskonto eröffnen will.

☐ Meine Idee hat nun einen Namen und ich habe diesen hinsichtlich der wichtigsten Kriterien überprüft.

☐ Ich habe mich für ein Corporate Design entschieden, das sich wie ein roter Faden durch mein ganzes Unternehmen zieht.

STUFE 5

»Wir können den Wind nicht ändern,
aber die Segel anders setzen.«

Aristoteles

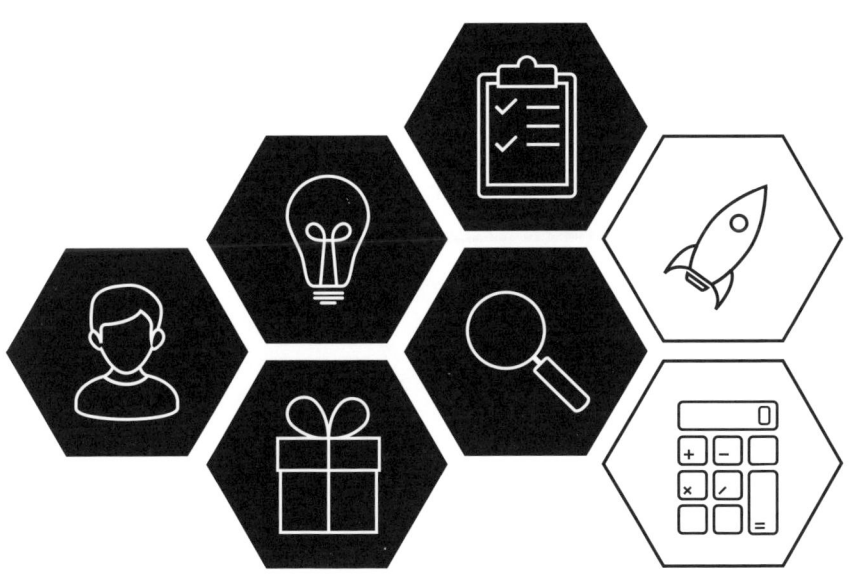

Stufe 5: Das Schlachtfeld analysieren und verstehen

Vier Stufen haben wir bereits gemeistert. Wir haben quasi das Basislager erreicht und brechen auf Richtung Gipfel. Natürlich können Sie auch eine Pause machen oder wir legen gleich gemeinsam weiter los. In der nächsten Stufe wollen wir uns umfassend mit Ihrem Markt, der Zielgruppe und der Konkurrenz auseinandersetzen. Darum heißt das Kapitel auch »Schlachtfeld«.

Ein Markt der Möglichkeiten

Wenn Sie sich einmal diesen Markt vorstellen und alles, was dazugehört, welche Dinge würden Sie gerne wissen beziehungsweise welche Informationen sind für Sie notwendig, um dort erfolgreich zu sein? Bevor wir tiefer in die Thematik einsteigen und ich Ihnen meine Vorgehensweise vorstelle, würde ich das gerne erfahren. Hier haben Sie dafür Platz:

Welche Informationen wollen Sie sammeln?

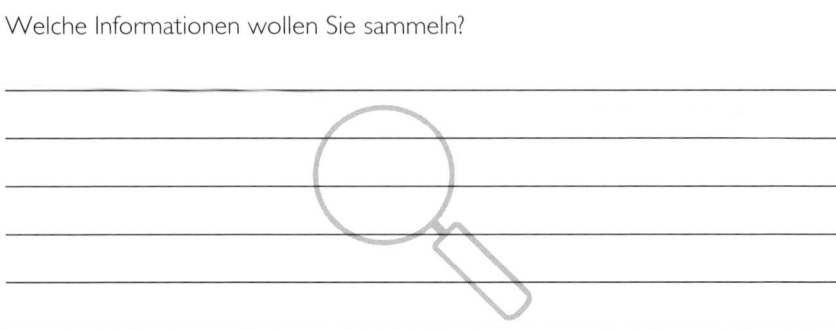

Fangen wir also zunächst mit Ihrem Markt an. (Ich bin wieder sehr lehrerhaft.) Den Markt definieren Sie selber, das übernimmt niemand anderes für Sie. Und das ist auch gut so. In meinem ersten Buch (klingt, als hätte ich 100 geschrieben) habe ich dafür ein Beispiel gewählt, das ich gerne noch mal heranziehen möchte. Wenn Sie etwa Getränke verkaufen, können Sie die Definition sehr unterschiedlich vornehmen.

»Mein Markt ist der gesamte Getränkemarkt.«
»Mein Markt ist der Biermarkt in Deutschland.«
»Mein Markt ist der Markt für antialkoholische Biere in Westdeutschland.«

Ich könnte die Liste jetzt endlos fortsetzen. (Dass alle Sätze gleich anfangen, ist übrigens kein Wiederholungsfehler.) Ich denke, Sie verstehen, worauf ich hinauswill. Je nachdem, wie Sie Ihren Markt definieren, ändert sich auch die Größe des Marktes. Apropos Größe – die ist hier sehr wohl entscheidend. Welche Einheit verwenden Sie für die Größenangabe? In unserem Beispiel haben wir mehrere Möglichkeiten:

»Das Marktvolumen beträgt 800 Millionen Flaschen.«
»Das Marktvolumen ist 3,5 Milliarden Euro.«
»Ein drittes Beispiel fällt mir leider nicht ein – entschuldigen Sie.«

Sie sehen, hier können Sie zunächst wählen, weil nichts davon falsch ist. Das Volumen können Sie also sowohl in einer Mengeneinheit als auch in einer Währung angeben. Jetzt habe ich frecherweise den Begriff »Marktvolumen« verwendet, ohne ihn zu erklären. (Toller Lehrer.) Das Marktvolumen gibt die Menge an, die ein bestimmter Markt an Produkten aufnehmen kann. Für unser Beispiel könnten Sie erwidern, dass rein theoretisch jeder zehnmal so viel Bier trinken könnte, aber das ist hier nicht gefragt. Es geht um den Status quo. Das Potenzial, das zusätzlich noch möglich ist, nennt man Marktpotenzial. Na ja, nicht ganz richtig. Das Volumen plus das, was noch obendrauf passt, ist dann das Marktpotenzial. (Bitte so niemals irgendwo erzählen.)

Das Interessante ist herauszufinden, welche Märkte noch Potenziale bieten und welche eben nicht. Also genau diese Wachstumsmärkte, mit denen wir uns in Stufe 2 beschäftigt haben. Wie sieht dieses Marktvolumen aus? Dazu sollten Sie im ersten Schritt definieren, in welchem Markt Sie Ihre Produkte anbieten. Für diese Definition ist hier Platz.

Meine Marktdefinition:

_____

_____

_____

_____

_____

(Ich merke, dass ich schon wieder viel zu viel erzähle, dabei sollten *Sie* eigentlich arbeiten. Ich gelobe Besserung.)

Neben der Definition des Marktes brauchen wir eine Angabe darüber oder zumindest eine Einschätzung, wie groß der Markt ist. Wie gehen Sie da am besten vor? Zunächst würde ich versuchen, Informationen über den Markt beziehungsweise die Branche per Google-Recherche in Erfahrung zu bringen. Da werden Sie vielleicht schon fündig. Wenn es da jedoch nichts gibt, müssen Sie eventuell selber eine Einschätzung vornehmen. Beispiel:

Wenn Sie beispielsweise planen, ein neues Mineralwasser auf den Markt zu bringen, könnten Ihre Überlegungen so aussehen: 80 Millionen Deutsche trinken jeden Tag Wasser. Im Durchschnitt 1,5 Liter pro Tag. Das macht 120 Millionen Liter pro Tag und damit 43,8 Milliarden Liter pro Jahr. (Oh, ganz schön viel!) Wenn wir davon ausgehen (nur exemplarisch), dass ein Liter Wasser durchschnittlich 50 Cent kostet und keiner aus dem Wasserhahn trinkt, kommen wir auf 21,9 Milliarden Euro pro Jahr in Deutschland.

Wichtig bei der Berechnung ist die Berücksichtigung der Variablen Ort und Zeit, weil sich das erstens ändern kann und zweitens für die Definition notwendig ist. Also in unserem Beispiel Deutschland und das Jahr 2017 zum Beispiel.

Wenn Sie ein Produkt etablieren wollen, das es noch nicht gibt, kann es sein, dass auch diese Methode nicht funktioniert und Sie Ihr Marktvolumen noch anders berechnen müssen. Dazu würde ich folgende Formel verwenden:

Anzahl potenzieller Käufer x Frequenz des Kaufes x Preis (wenn Sie eine Währung wünschen)

Ja, Sie haben recht, die Anzahl der Käufer ist eine Variable, die ebenfalls schwer zu fassen ist, aber so ist das nun mal bei der Marktberechnung.

Versuchen Sie, hier Ihr Marktvolumen zu berechnen, und berücksichtigen Sie dabei Ort und Zeit:

Mein Marktvolumen:

_____

_____

_____

Und? Geklappt? Mir ist bewusst, dass das nicht einfach ist, aber auch das gehört zum GoG-Sein dazu. Manches können Sie nur über den Daumen peilen. (Aber dafür ist der schließlich auch da.)

Jetzt haben wir schon einmal den Einstieg geschafft in die wunderbare Welt der Marktanalyse. Neben der Definition und der Ermittlung der Marktgröße spielen natürlich noch weitere Elemente eine übergeordnete Rolle. Im Prinzip kennen Sie bisher nur den Namen und die Größe Ihres Marktes, damit kommen wir leider noch nicht weit. Wir wollen natürlich auch einen Blick *in* den Markt werfen und uns dann im zweiten Schritt die Teilnehmer ansehen, die sich da bewegen. Manchmal hilft es wirklich, sich diese ganze Situation einmal von oben anzuschauen – quasi aus der Vogelperspektive. Das machen wir auch gleich. Aber vorher (entschuldigen Sie, dass ich immer etwas dazwischenschiebe) müssen wir noch etwas anderes erledigen. In meinem Marketingstudium habe ich zwei Analysen kennengelernt, die ich sehr hilfreich finde, und das kann ich nicht von allen Dingen sagen. Nutzen wir also das viele Geld, das das Studium gekostet hat, auch in diesem Buch.

Zunächst gibt es da eine Sache, die in keinem Businessplan fehlen darf. Ich spreche von der SWOT-Analyse. Diese Ich-bestehe-aus-vier-Buchstaben-Analyse dient dazu, vier sehr wichtige Faktoren zu analysieren und dadurch noch mehr Informationen an die Hand zu bekommen. Die vier Buchstaben sind schnell erklärt. Zum einen haben wir ein »S« und ein »W« und die stehen für Strengths und Weaknesses – also für Stärken und Schwächen. Die zwei hintendran, also das »O« und das »T«, stehen für Opportunities und Threats. Somit also für Chancen und Risiken. Auf Deutsch hieße die Analyse dann SSCR. (Das kann nun wirklich keiner aussprechen.)

Was hat es jetzt auf sich mit der Analyse, die Sie ganz sicher gleich selber nutzen werden? Die SWOT-Analyse dient dazu, Informationen sowohl über das eigene Vorhaben als auch den Markt als solches zu bekommen. Die Stärken und Schwächen sind unternehmensintern und die Chancen und Risiken unternehmensextern zu betrachten. Ich hoffe, Sie können mir folgen. Wir wollen uns also Ihr Vorhaben und damit auch Sie noch ein Stück weit genauer anschauen. Welche Stärken und welche Schwächen haben Sie und welche unterscheiden Sie von der Konkurrenz? (Aber anders als in Stufe 1 jetzt bezogen auf Ihr Vorhaben.) Beispiel? Gerne. Wenn Sie ein selbst fahrendes Auto auf den Markt bringen wollen, dann lassen sich auf der Schwächenseite sicher ein paar Punkte finden wie fehlende Erfahrung oder unzureichendes Kapital. Auf der Stärkenseite wird es schwerer. Hier können Sie vielleicht mit Erfahrungen und bestimmten Kontakten oder Ihrem Ingenieurstudium glänzen. Chancen bietet dieser Markt gewiss eine Menge, wie ein zukünftiges Marktwachstum oder das Nutzbarmachen der Fahrzeit. Auch Risiken sind schnell erkannt, wozu etwa starke Konkurrenten oder die Entwicklung anderer Technologien gehören. (Vielleicht fliegen bald alle mit Drohnen durch die Gegend.) Sie sehen, gar nicht mal so schwer, oder? Ich möchte, dass Sie sich ein paar Minuten nehmen und diese Analyse entsprechend für Ihr Vorhaben machen. Kriegen Sie das hin? Bestimmt. Dazu habe ich Ihnen diese kleine Übersicht gebastelt, in die Sie alles einfach eintragen können.

Meine SWOT-Analyse:

Stärken	Schwächen
Chancen	Risiken

Ich hoffe, Sie kommen mit dem Platz aus. Diese Analyse sollte übrigens in keinem Businessplan fehlen — es ist quasi doppelt wichtig, dass Sie das draufhaben. Hier ist in der Regel in den Businessplänen Schluss, aber da wir unseren Anspruch langsam nach oben schrauben wollen, gehen wir natürlich noch einen Schritt weiter. Dazu gehört, dass wir die verschiedenen Felder miteinander kombinieren, um noch mehr herauszufinden beziehungsweise die Erkenntnisse strategisch zu nutzen.

Wir versuchen, den maximalen Nutzen aus unseren Stärken und Chancen herauszuholen und gleichzeitig die Nachteile aus den Schwächen und Risiken zu minimieren. Wie das funktionieren soll? Nun, wir kombinieren die Punkte, die wir oben gesammelt haben, miteinander.

Nehmen wir die Kombination »SO« als Erstes. Welche Ihrer Stärken lassen sich mit Chancen kombinieren? Oder: Welche Risiken können Sie mit bestimmten Stärken ausgleichen? So ergeben sich die Kombinationen SO, ST, WO, WT. (Nicht so schwer zu erraten.) Die Betrachtungsweise aus Ihrer Sicht, also von Ihren Stärken und Schwächen heraus, finde ich dabei hilfreich. Ich stelle das hier noch mal zusammen, und dann sind Sie dran:

SO
Welche Ihrer Stärken lassen sich mit Chancen kombinieren?

_____

_____

_____

ST
Wie können Sie bestimmte Risiken mit Ihren Stärken ausgleichen?

_____

_____

_____

WO
Gibt es Schwächen, aus denen Chancen entstehen können?

_____

_____

_____

WT

Wie können Sie sich davor schützen, dass Schwächen zu Schäden führen?

_____

_____

_____

Sie merken sicher, dass dies schon anspruchsvoller ist, aber genau diese Ergebnisse helfen, bestimmte Ereignisse vorzubereiten oder eigene Stärken noch besser zu nutzen, um die gewünschten Ergebnisse zu erreichen. Das ist SWOT-Analyse in zehn Minuten. Ich hoffe, es hilft Ihnen, so wie es meinen Start-ups immer hilft.

Starten Sie die Marktanalyse nicht planlos, sondern setzen Sie sich vor Beginn Ziele, welche Informationen Sie in den verschiedenen Teilgebieten erhalten möchten. So können Sie zielgerichteter suchen und haben gleichzeitig einen Überblick über die Themen.

Ich hatte Ihnen ja zwei Analysen versprochen, also muss nach Adam Riese ja noch eine kommen. Auch die zweite Analyse besteht aus der Kombination verschiedener Buchstaben: STEP.

S – Soziokulturell
T – Technologisch
E – Ökonomisch
P – Politisch-rechtlich

Ich habe mal direkt ins Deutsche übersetzt, Sie sehen sicher auch ohne mich, dass »ökonomisch« nicht mit »E« beginnt. (Wir sind schon ein schlaues Team.)

Was machen wir jetzt mit diesem Buchstabensalat? Wir wollen einen Überblick darüber bekommen, welche Einflüsse und Entwicklungen es auf Ihrem Markt gibt. Nur so können wir Trends und Chancen erkennen und langfristig planen. Fangen wir also wieder beim »S« an (der alten Gewohnheit zuliebe). Also auf in den Kampf.

Welche soziokulturelle Einflüsse und Entwicklungen gibt es, die Sie berücksichtigen sollten? Vielleicht hätte ich das Wort zuerst erklären sollen. Mit soziokulturell meine ich Entwicklungen wie zum Beispiel die Überalterung der Gesellschaft, Änderungen von Lebensstilen oder die Veränderung von Werten.

Was Technologie ist, wissen Sie auch ohne mich. Hier geht es darum, ob es Entwicklungen gibt oder neue Dinge erfunden werden, die dazu führen, dass man gegebenenfalls Ihre Produkte gar nicht mehr braucht. Das wäre ja schon ein wenig blöd. Wenn ich einen Schokoladenaufstrich erfinde, der gleichzeitig Muskeln macht, wie viele Leute würden dann noch Nutella kaufen?

Ökonomie steht hier für wirtschaftliche Entwicklungen wie zum Beispiel die Höhe der Arbeitslosenzahlen. Welche Dinge können Sie hier für sich erfassen?

Abschließend haben wir noch ein »P«. Auch das ist schnell erklärt. Welche rechtlichen und politischen Einflüsse kann es geben, die Ihnen das Leben erschweren oder für einen großen Vorteil sorgen?

Insgesamt geht es also darum, externe Faktoren zu sammeln, die Sie berücksichtigen sollten. Gar nicht mal so schwer. Was jetzt kommt, ist hoffentlich mittlerweile klar. Ich möchte, dass Sie diese Faktoren bezogen auf Ihr Vorhaben hier auflisten. Also, hopsasa:

Meine STEP-Analyse:

Soziokulturell	Technologisch
Ökonomisch	**Politisch-Rechtlich**

Vielleicht fragen Sie sich, warum Sie das alles machen müssen (beziehungsweise sollen – ist ja schon noch freiwillig). Der Sinn ist leicht erklärt: Wenn Sie Ihren Markt nicht kennen, werden Sie nicht erfolgreich sein. Punkt.

Marktanalysen sind meist sehr mühselig, lohnen sich aber ungemein. Schnappen Sie sich Fachmagazine zu Ihrem potenziellen Markt. Beobachten Sie, in welche Richtung sich Trends entwickeln.

Nachdem wir jetzt einen umfassenden Überblick über Ihren Markt haben, wollen wir die Lupe noch etwas näher hinhalten und uns mit den Freunden der Konkurrenz beschäftigen. Ja, ich weiß, der Blick auf die Konkurrenz ist nicht immer beliebt, aber wichtig. Warum? Weil Sie von niemandem mehr lernen können als von der Konkurrenz. Jedes andere Unternehmen war einmal ein Start-up und hat viele falsche und richtige Entscheidungen getroffen. Ihre Aufgabe besteht darin, genau diese Dinge zu ermitteln und ihr Verhältnis zwischen Gut und Schlecht zu Ihren Gunsten zu verschieben. Kriegen Sie das hin?

Die Freunde vom Wettbewerb

Nun also weiter in der Konkurrenzanalyse. Wen sollen Sie sich überhaupt anschauen? Gibt es in Ihrem Markt viel, wenig oder keine Konkurrenz? Das ist das Erste, was wir wissen müssen. Die Frage ist auch, wer überhaupt ein Konkurrent ist und wer vielleicht nicht. Womit das etwas zu tun hat? Mit der Definition Ihres Marktes, die Sie in Stufe 5 vorgenommen haben. Erinnern Sie sich noch an unsere Definition des Biermarktes? Je nachdem, wie Sie den Markt definieren, stellt sich auch die Konkurrenz anders dar. Ein Beispiel: Sie eröffnen einen Onlineshop für Schuhe. (Gibt es, glaube ich, noch nicht.) Wer ist jetzt Ihre Konkurrenz? Alle Schuhgeschäfte dieser Welt? Nur die, die auch im Internet aktiv sind? Oder vielleicht auch klassische Modegeschäfte in der Nürnberger Altstadt? Ich glaube, das waren ganz schön viele Fragen, oder? Aber keine Sorge, das geht allen GoGs genauso. Versuchen Sie, Ihren Markt genau zu definieren, und Sie bekommen eine gewisse Vorstellung davon, wer sich in Ihrem Markt befindet. Es gibt den schönen Ausdruck »Mess with the best«. Was frei übersetzt bedeutet, dass Sie sich die Besten raussuchen und von diesen lernen sollen, weil die anscheinend eine Menge richtig gemacht haben. Dabei ist mir wichtig, dass Sie den Begriff »lernen« und nicht »messen« verwenden. Wenn Sie sich mit diesen vergleichen, können Sie in der ersten Phase nur verlieren. Das Ziel vor Augen als Motivation und nicht als unerreichbare Möglichkeit am fernen Horizont.

Welche Konkurrenten kommen für Sie zur Analyse infrage?

Meine Konkurrenz:

Konkurrent I	Konkurrent II	Konkurrent III

Ich denke, wir fangen mal mit drei Konkurrenten an. Natürlich können Sie auch die ganze Welt analysieren, aber ich glaube, das würde viel zu lang dauern. Für wen haben Sie sich entschieden? Wen wollen Sie genauer unter die Lupe nehmen?

Wir könnten jeden der Konkurrenten auf eine ganze Menge Merkmale hin analysieren, aber wir wollen uns die wirklich wichtigen Dinge anschauen. Dafür habe ich ein kleines Diagramm (nennt man das überhaupt so?) gebastelt. Eines für jeden Konkurrenten, so haben wir alle relevanten Informationen zusammen.

Meine drei Konkurrenten auf einen Blick:

Produkte	Preise
	Positionierung
Verkaufskanäle	**Kundengruppen**
Werbung	

Produkte

Preise

Positionierung

Verkaufskanäle

Kundengruppen

Werbung

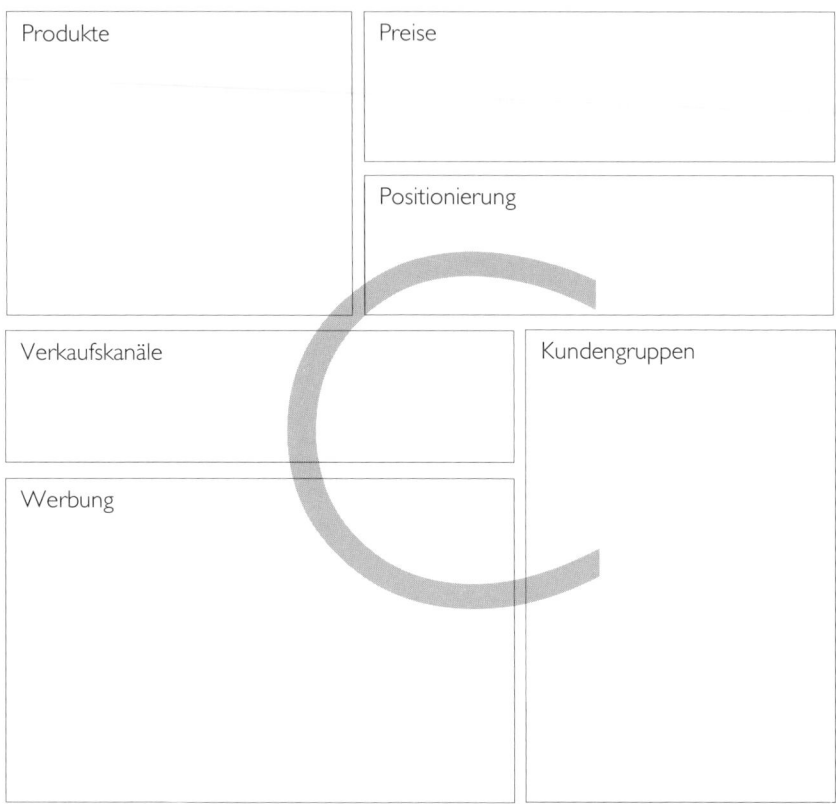

Das habe ich doch schön gebastelt, oder? (Ich bin sehr sensibel und brauche manchmal ein bisschen Anerkennung.) Dieser Überblick ist für Sie von enormer Bedeutung, da Sie diese drei Konkurrenten dauerhaft im Blick behalten sollten. Erkennen Sie Übereinstimmungen im Bereich Werbung? Konzentrieren sich alle Konkurrenten auf dieselbe Kundengruppe und wie positionieren sich die Freunde in Ihrem definierten Markt?

Ich möchte bei der Konkurrenzanalyse noch einen Schritt weitergehen. Erinnern Sie sich an die dritte Stufe? Etwas Ähnliches können wir auch hier sehr gut anwenden. Jeder Ihrer Konkurrenten kann nach verschiedenen Merkmalen bewertet werden. Dafür können wir wunderbar eine Matrix erstellen mit einer Skala von

1 bis 10. 1 steht dabei für gruselig schlecht und 10 für zweifellos überragend. Ich habe Ihnen als Beispiel drei Merkmale vorgegeben, die fast immer eine Rolle spielen. Die anderen dürfen Sie selber eintragen. (Schließlich sollen Sie sich hier auch beteiligen). Noch ein Hinweis: Denken Sie genau darüber nach, welche Merkmale Sie eintragen, und führen Sie sich vor Augen, welche Ansprüche die Konsumenten an Ihre Produkte haben. Im Idealfall »matchen« Sie diese. Die Ansprüche der Konsumenten sind nämlich ebenfalls über alle Zweifel erhaben. Diese Bewertung führen Sie dann für Ihre drei Konkurrenten durch, die Sie näher analysieren wollen. Wobei mir das zu einseitig wird, weil Sie schon viel zu sehr im Thema sind. Es wäre noch sinnvoller, wenn Sie ein paar Ihrer Freunde oder Familienmitglieder bitten würden, diese Bewertung vorzunehmen. So bekommen wir noch ein wenig mehr Objektivität in die Sache. Geht das? Sie brauchen also ein kleines Marktforschungsteam. Suchen Sie sich ein paar Menschen, die Ihnen gerne helfen, und lassen Sie von ihnen Ihre Konkurrenten bewerten. Geht nicht? Klar, es gibt sicher Bereiche, in denen Ihr Mafo-Team die Konkurrenz nicht kennt oder von den Produkten keine Ahnung hat. Dann müssen Sie doch selber ran. Jeder der Konkurrenten bekommt ein anderes Symbol. (Ich nehme einmal Quadrat, Dreieck und Kreis, weil ich so kreativ bin.) Ich habe ein Beispiel eingezeichnet, damit Sie sehen, wie es geht.

Bewertung meiner Konkurrenten:

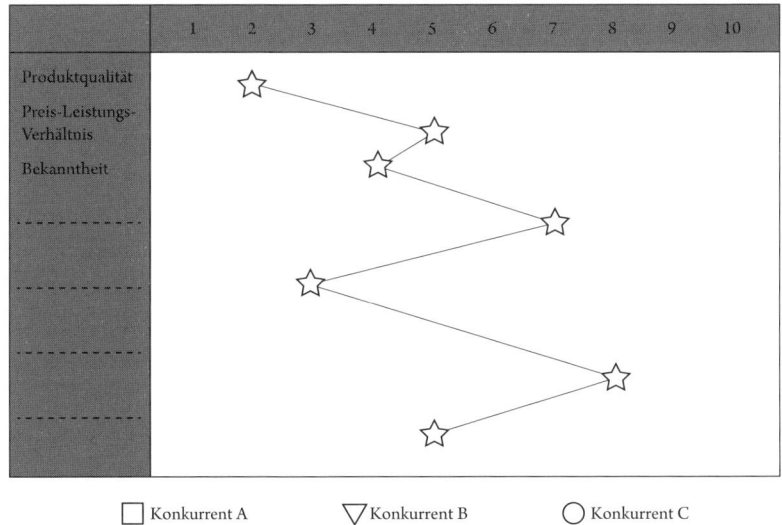

Ich finde, so erkennt man gut, wo die Konkurrenz stark aufgestellt ist und wo eben nicht. Genau in diesen Zonen bieten sich Potenziale. Vielleicht können Sie bei der Produktqualität nicht mithalten, aber sehr wohl beim Preis oder einem Ihrer Merkmale. Finden Sie Lücken, in denen Sie sich unterscheiden können, aber behalten Sie die Ansprüche der Konsumenten immer im Blick. (Hier eignet sich ein Blick in das Kano-Modell aus Stufe 3.) Nur Merkmale, die für Ihre Konsumenten erheblich sind, dienen als Differenzierungsmerkmal zur Konkurrenz. Es bringt nichts, mit einer grünen Kappe auf eine Party zu gehen, wenn niemand auf Kappen steht.

Es empfiehlt sich, Informationen nach ihrer Herkunft und Quelle einzuschätzen und daraus resultierend auf ihren Wahrheitsgehalt zu prüfen. Machen Sie sich deutlich, dass Sie auf der Basis dieser Informationen viele Entscheidungen treffen.

Eine weitere nützliche Möglichkeit ist, ein Positionierungskreuz zu erstellen und sich mit der Konkurrenz zu vergleichen. Bisher haben wir die Konkurrenz ein wenig losgelöst betrachtet. Aber natürlich dient das Ganze auch dazu, gewisse Dinge einzuordnen. Bestimmen Sie selbst, welche Merkmale Sie für die x- und welche Sie für die y-Achse festlegen, zum Beispiel Qualität, Preis-Leistungs-Verhältnis, Innovationsgrad oder Service. Die Auswahl ist sehr wichtig. Warum? Je nachdem, was Sie wählen, bekommen Sie ganz unterschiedliche Ergebnisse. Welche zwei Merkmale eignen sich in Ihrem Bereich, um ein solches Positionierungskreuz zu erstellen?

Meine Achsen:

x-Achse: _____

y-Achse: _____

Mein Positionierungskreuz:

```
                    y-Achse ↑
                            |
                            |
                            |
                            |
                            |
                            |
  ──────────────────────────┼──────────────────────→
                            |              x-Achse
                            |
                            |
                            |
                            |
                            |
```

Wie Sie sehen, sind die Achsen auch Pfeile. Das heißt im Umkehrschluss, dass die von Ihnen gewählten Merkmale nach oben beziehungsweise rechts ansteigen. Nur so können wir diese auch bewerten. Gerne dürfen Sie hier wieder Ihre drei gewählten Konkurrenten verwenden. Es ist aber auch völlig in Ordnung, wenn Sie noch ein paar weitere aufnehmen. Auch hier bekommt man durch potenzielle Freiflächen oder die erhöhte Ansammlung in bestimmten Bereichen einen wunderbaren Überblick, wie die Konkurrenz aufgestellt ist und wo sich für Sie noch Freiräume ergeben, die Sie erobern können.

Der Kundenkönig

Ich hoffe, Sie haben einen Überblick über Ihre Konkurrenz bekommen und wir können einen kleinen Schritt nach vorne machen auf unsere fünfte Stufe und zu einem meiner Lieblingsthemen wechseln – Ihren Kunden. Kunden sind toll, sofern man welche hat oder zunächst überhaupt weiß, wer die Kunden sind. Hier wollen wir die Lupe so lange draufhalten, bis die Kunden zu brennen anfangen – für Ihr Produkt!

Vorab eine kleine Geschichte:

Sie erinnern sich doch bestimmt an die Momente in Ihrer Kindheit, als Sie in der Schule saßen und Papierflugzeuge bastelten. (Das hatten wir ja schon.) Meistens erreichten die fertigen Papierflieger das Lehrerpult nicht. In den meisten Fällen begann der Sinkflug direkt nach dem Start. Und wenn der Flieger mal einen guten Kurs eingeschlagen hatte, wurde er schon von einem Hinterkopf ausgebremst. Aber Aufgeben kommt für Kinder nicht infrage. Es gab die unterschiedlichsten Falttechniken, die man in einer Schulstunde ausprobieren konnte. Man versuchte es so lange, bis ein Flieger endlich das Lehrerpult erreichte.

Schon immer hatte der Mensch den Traum vom Fliegen. (Willkommen beim Geschichtenerzähler.) Es wurde schon früh experimentiert und ausprobiert, welche Körper es schafften zu fliegen. Früh fingen Erfinder wie zum Beispiel Leonardo da Vinci an verschiedenste Flugobjekte zu bauen. Die Menschen waren so begeistert vom Fliegen, dass ihnen kein Versuch zu gefährlich war. Bis heute gibt es immer wieder neue Erfindungen und Ideen von Objekten, die durch die Luft fliegen können. Der Traum vom Fliegen inspiriert auch heute noch Bastler und Technikbegeisterte zu neuen Erfindungen. Auch der gute alte Papierflieger aus der Schule findet heute noch in manchen Büros seine Verwendung. Wäre es nicht schön, wenn man das Fliegen mit der Technik verbinden könnte?

Die Erfinder von PowerUp wussten dies mit einer kreativen Idee zu nutzen. Sie entwickelten ein Papierflugzeug, das sich ganz einfach mit dem Smartphone steu-

ern lässt. Die Papierflieger sehen so aus wie die, die man in der Schule gebastelt hat. Wahrscheinlich sehen sie sogar noch etwas schicker aus. Der kleine Unterschied liegt darin, dass der Papierflieger mit einem Propeller und einem Funkmodul ausgestattet ist. So kann der Flieger ganz einfach über eine Smartphone-App gesteuert werden. Egal wann und wo, Sie können den Flieger jederzeit starten lassen. So entsteht ganz einfach ein großes Freizeitvergnügen. Es gibt sogar Wettbewerbe mit den verschiedensten Flugobjekten. Welches selbst entwickelte Objekt schafft es am weitesten, welches ist das schnellste, welches sieht am schönsten aus?

Bis heute hat sich ziemlich viel im Bereich Flugtechnik getan und es konnten schon viele sinnvolle Erfindungen verwendet werden. Die Menschen lernen aber nie aus. Es wird immer wieder neue, kluge Köpfe geben, die eine spektakuläre Erfindung hervorbringen. Wenn es diese Menschen nicht geben würde, wäre das Leben für die anderen sehr eintönig, wenn nicht sogar langweilig. Aber es ist nicht nur im Bereich der Flugobjekte wichtig, dass man sich immer weiterentwickelt. Auch in allen anderen Bereichen kann Technik einen Markt revolutionieren.

Ich finde es interessant, darüber nachzudenken, wie PowerUp zu Beginn seine Zielgruppe definiert hat. Papierflieger sind doch was für Kinder und technische Spielereien sicher eher was für Ältere. Also, wem nutzt so was dann? Bei der Zielgruppendefinition geht es darum, die Gruppen zu ermitteln, die für die eigenen Produkte infrage kommen. Und ich sage bewusst Gruppen, denn manchmal sind es auch verschiedene Zielgruppen. Aber dazu später mehr.

Werfen wir einmal einen Blick auf Ihr Vorhaben. Welche Gedanken zum Thema Zielgruppe haben Sie sich gemacht? Haben Sie eine genaue Vorstellung, wer Ihre Produkte kaufen wird, oder stochern Sie da eher im Nebel? Fangen wir mit einer ersten Einschätzung an. (Wie eben beim Markt schon.) Notieren Sie als Nächstes, wer Ihre Zielgruppe ist.

Meine Zielgruppe:

Was haben Sie hier aufgeschrieben? Interessant ist, welche einschränkenden Kriterien Sie gewählt haben. Spielt das Alter eine Rolle? Ist das Geschlecht von Bedeutung? Oder haben Sie ein Produkt für Schüler? Sie werden merken, dass es von diesen Kriterien eine ganze Menge gibt. Also sollten wir uns zunächst ein paar Töpfe basteln, in die wir die Kriterien reinschmeißen, um ein bisschen Übersicht zu bekommen. Nun, in der Marketingtheorie unterscheidet man vier solcher Gruppen. Ich mache es kurz und schmerzlos.

1. Demografisch
2. Geografisch
3. Psychografisch
4. Verhaltensorientiert

Zu jeder dieser Gruppe gehören eine Menge Kriterien. Warum das wichtig ist? Wenn Sie nicht wissen, welche Kriterien für Sie eine Rolle spielen, können Sie Ihre Zielgruppe nicht definieren, dann wissen Sie nicht, wer Ihre Produkte kauft, verkaufen somit auch keine und haben kein Geld. (Okay, das ist mal wieder ein wenig simpel formuliert, aber ich denke, die Intention wird klar, oder?) Schauen wir uns die lustigen Kriterien mal genauer an.

Zu den demografischen Kriterien gehören etwa Beruf, Einkommen, Alter, Familienstand, Nationalität und Ähnliches.

Bei den geografischen Kriterien geht es darum, woher Ihre Zielgruppe kommt: aus welchen Ländern, Regionen oder Städten. Recht simpel.

Nummer drei sind die psychografischen Kriterien. Wundervoller Begriff, oder? Hier geht es um individuelle Eigenschaften Ihrer Zielgruppe: wie zum Beispiel Ihre Zielgruppe konsumiert, welche Kleidung sie trägt oder welche Werte Ihre Konsumenten haben.

Als Letztes haben wir noch die verhaltensorientierten Kriterien – die sind ebenfalls schnell erklärt. Dazu gehören das Preisverhalten, welche Magazine die Zielgruppe liest oder auch die Markentreue.

Ich habe die Definition der Zielgruppe anhand der vier Kriterien nur angerissen. Den Rest finden Sie auch ohne mich heraus. Um Ihre Zielgruppe zu definieren, ist es ratsam, sich eine Menge Fragen zu stellen. Die nach meiner Meinung wichtigsten Fragen gehen wir jetzt zusammen durch. Fertig? Gut, los geht's. Fangen wir mit den demografischen Variablen an. Ach, ein Hinweis noch. »Meine Produkte sind für alle Menschen auf der Welt« ist ein toller Ansatz, aber der funktioniert nicht. Entschuldigung. Es geht darum, eine homogene Gruppe von Menschen zu finden, die Gemeinsamkeiten haben. Beispiel: Von zehn Leuten haben neun eine Kappe auf und einer nicht. Sie wollen Kappen verkaufen, möchten aber vielleicht den einen nicht ausschließen. Allerdings sind wir uns im Klaren darüber, dass die anderen neun eher zur Zielgruppe gehören. (Oh, na ja, vielleicht aber auch genau nicht, da die ja schon eine Kappe haben.) Fazit: Zwängen Sie niemanden in Ihre Zielgruppe, nur damit diese größer wird. »Zwängen« übrigens, nicht »zwingen«, auch wenn das sicher eine lustige Vorstellung wäre.

Sind Ihre Produkte eher für Männer oder vielleicht doch für Frauen? Oder spielt das Geschlecht keine Rolle?

_____

_____

_____

Welche Rolle spielt das Alter der potenziellen Konsumenten? Spricht Ihr Produkt/Ihre Dienstleistung eher 18- bis 25-Jährige oder doch 25- bis 65-Jährige an?

_____

_____

_____

Welche anderen demografischen Variablen sind wichtig? Beruf, Einkommen, Nationalität, Religion?

_____

_____

_____

Woher kommt Ihre Zielgruppe? Gibt es bestimmte Regionen, die eine besondere Rolle spielen? Oder wollen Sie online zunächst ein bestimmtes Land penetrieren?

_____

_____

_____

Wie ist Ihre Zielgruppe eingestellt? Gibt es bestimmte Werte, die alle teilen? Gibt es Eigenschaften, die eventuell alle verbinden?

_____

_____

_____

Ist Ihre Zielgruppe preissensibel oder eher nicht? Welche Medien nutzt Ihre Zielgruppe?

_____

_____

_____

Sind die Käufer Ihrer Produkte die gleichen wie die, die es letztendlich verwenden?

_____

_____

_____

Vielleicht wundern Sie sich, warum die letzte Frage auftaucht. Das will ich Ihnen gerne erklären. Käufer und Verwender sind nämlich nicht immer ein und dieselbe Person. Ein paar einfache Beispiele: Kleinkinder – also Menschen unter fünf Jahren – kaufen sicher nicht selbst ihre Kleidung. Ich habe auch noch ein Beispiel für Männer und Frauen. Waschmaschinen werden meist von Männern gekauft. Da geht es um Schleuderzahlen, Energieeffizienzklassen oder die Programmanzahl – also um technische Details. Klar, ein Männerthema. Genutzt werden die Waschmaschinen aber mehrheitlich von Frauen. Bevor mir jemand Frauenfeindlichkeit vorwirft, bringe ich noch ein Männerbeispiel. Kennen Sie Krawatten? Dumme Frage. Natürlich kennen Sie Krawatten. Diese Dinger werden hauptsächlich von Männern getragen. Gekauft werden sie aber auch oft von Frauen. (Meine Schwester kauft die Krawatten für ihren Freund.) Natürlich weil er keinen Geschmack hat. Und deshalb gibt es pink- und rosafarbene Krawatten, damit Frauen glücklich sind. (Oh nein, das klingt schon wieder böse.) Daher berücksichtigen die Krawattenhersteller beim Design auch die weibliche Zielgruppe, obwohl Frauen keine Krawatten tragen. Gibt es bei Ihnen gegebenenfalls auch Unterschiede zwischen dem Verwender und dem Käufer? Denken Sie darüber ganz genau nach.

Eine andere tolle Möglichkeit, die eigene Zielgruppe zu definieren, sind die sogenannten Sinus-Milieus. Ich finde, Milieu klingt immer ein bisschen nach Neonröhren und lustigen Gestalten. Darum geht es hier leider nicht. Die Milieus sollen helfen, bestimmte Gruppen zu identifizieren, die Gemeinsamkeiten haben und so bei der Kommunikation besser angesprochen werden können.

Sinus-Milieus in Deutschland

Auf der Seite des Sinus-Instituts finden Sie unter http://www.sinus-institut.de die entsprechende Grafik zu den Sinus-Milieus in Deutschland. Vielleicht sieht sie zunächst ein bisschen verwirrend aus mit den ganzen Bubbles. Aber das lösen wir ganz flott auf.

Sie sehen, die x-Achse ist mit »Grundorientierung« und die y-Achse mit »Soziale Lage« bezeichnet. Nun werden Gruppen von Menschen gebildet, die entsprechend ihrer sozialen Lage und ihrer Grundorientierung in eine der genannten zehn Gruppen zusammengefasst werden. Die Prozentangaben bedeuten, wie viele Menschen in der jeweiligen Gruppe der deutschen Bevölkerung sind, zumindest nach dem Sinus-Institut. Bis hierher verstanden? Die jeweiligen Gruppen sind auf der Webseite des Instituts noch mal beschrieben. Was ich interessant finde, ist vor allem die Einteilung auf der x-Achse: Ist Ihre Zielgruppe eher traditionell, steht Selbstverwirklichung im Vordergrund oder sind die potenziellen Kunden eher pragmatisch veranlagt?

Je mehr Sie über Ihre Zielgruppe wissen, desto besser können Sie Ihre Produkte darauf ausrichten und desto sinnvoller können Sie Werbemaßnahmen planen. Außerdem bekommen Sie Informationen an die Hand, die elementar für den Erfolg Ihres GoG-Seins sind.

Was ich Ihnen definitiv empfehle, ist, eine Marktforschung bei Ihrer potenziellen Zielgruppe durchzuführen, und sei es nur eine kleine. Sie sollten genau wissen, welche Meinung die Zielgruppe zu Ihren Produkten hat. Manchmal reicht es nicht, sich in die Zielgruppe hineinzuversetzen, sondern die reale Meinung Ihrer potenziellen Kunden ist gefragt. Diese haben oft einen anderen Blickwinkel und deshalb hilfreiche und losgelöste Ideen zu Ihrem Produkt. Natürlich hat niemand Lust auf zehn Stunden Marktforschung. Die Leute haben noch etwas anderes zu tun. Also konzentrieren Sie sich auf ein paar wenige, aber effektive Fragen. Ich gebe Ihnen gerne ein paar Beispiele. Suchen Sie sich die für Sie relevanten raus.

❑ Würden Sie das Produkt nutzen?

❑ Welchen Mehrwert liefert Ihnen meine Lösung?

❑ Wie viel würden Sie für das Produkt bezahlen und warum?

❑ Was ist für Sie das Besondere an meinem Produkt?

❑ Was fehlt Ihnen an meiner Lösung?

❑ Wie würden Sie das Produkt bewerben?

❑ Wo und wann würden Sie eine solche Leistung gerne kaufen können?

❑ _____

❑ _____

❑ _____

So bekommen Sie zusätzliche Informationen, die es Ihnen in der Frühphase ermöglichen, noch Anpassungen vorzunehmen. Halten Sie die Ergebnisse hinten in den Notizen fest.

Wenn Sie schon einmal dabei sind, potenzielle Kunden zu befragen, macht es Sinn, sich direkt ein paar Multiplikatoren zu suchen, die Ihnen vielleicht auch als Referenzgeber dienen könnten. Etwa in dieser Form:

»Herr Thönnessen ist ein Toptyp, der mir immer geholfen hat. Kaufen Sie unbedingt seine Sachen.«

Achten Sie bitte unbedingt darauf, dass diese Aussagen einen Mehrwert haben. Sie sehen an meinem Beispiel, wie toll so etwas formuliert werden kann – nicht.

Welche Personen können Ihnen als Referenzgeber dienen und wie bekommen Sie möglichst viel Relevanz in diese Referenz? Also etwa: Petra Schmitz – sehr authentisch. Herr Dr. Meierhoven – Experte in meinem Bereich. Lothar Matthäus – ehemaliger Fußballspieler. Je mehr Relevanz Ihre Referenz hat, desto eher werden Kunden darauf achten. (Sie würden es mir nicht unbedingt abnehmen, wenn ich Werbung für Nagellack mache.)

Meine Referenzgeber:

Referenzgeber	Referenzgeber	Referenzgeber
Relevanz	Relevanz	Relevanz

Einige Personen freuen sich darüber, in der Frühphase eingebunden zu werden, und machen mehr Werbung als jeder TV-Spot.

Wir schließen auch diese Stufe mit einer kleinen Checkliste ab:

☐ Ich bin mit den Chancen und Risiken des Marktes vertraut und weiß, wie ich diese einzusetzen habe.

☐ Ich kenne die Stärken und Schwächen meiner eigenen Organisation und bin mir darüber bewusst, wie ich hier positive Ergebnisse erzielen kann.

☐ Der Kunde ist gläsern für mich, ich kenne seine demografischen Strukturen, Bedürfnisse und Problemstellungen.

☐ Ich habe meine Konkurrenzunternehmen durchleuchtet und Ansatzpunkte entdecken können, die positive Resultate für mich einspielen werden.

☐ Ich habe potenzielle Kunden zu den wichtigsten Eigenschaften meines Produktes befragt.

STUFE 6

»Das beste Marketing sieht nicht nach Marketing aus.«

Tom Fishburne

Stufe 6: Schachmatt – den Gegner verdrängen

Marketing – brotlose Kunst? Mitnichten. Ein Produkt funktioniert nur mit der richtigen Vermarktung. Doch meist ist das Problem das liebe Geld. Davon haben GoGs insbesondere am Anfang in der Regel nicht allzu viel. Vielleicht ist das bei Ihnen anders, aber es geht trotzdem darum, das Geld an der richtigen Stelle einzusetzen. Aber wo ist die richtige Stelle? (Kennen Sie das Gefühl, dass es irgendwo juckt, Sie aber nicht wissen, wo Sie sich kratzen sollen?)

Aber ich bin schon wieder zu weit nach vorne geprescht. Zunächst ein liebevoller Hinweis: Marketing ist nicht das Gleiche wie Werbung. Zum Marketing gehört eine ganze Menge mehr. Die meisten großen Unternehmen sind nicht erfolgreich, weil sie tolle Produkte haben, sondern weil sie im Marketing vieles richtig machen.

Aber woraus besteht Marketing? Mit Ihrem Produkt haben wir uns schon beschäftigt, das ist Teil des Marketings. Auch der Preis Ihres Produktes ist elementarer Bestandteil des Marketings. Welche Vertriebswege Sie wählen oder auch welche Werbemaßnahmen Sie einleiten – alles das ist Marketing. Aber eins nach dem anderen. Was ich an der Stelle sehr hilfreich finde, ist der Elevator Pitch.

Geschichten erzählen und verbreiten

Was das ist? Beim Elevator Pitch geht es darum, während der Dauer einer Aufzugsfahrt eine vermeintlich unbekannte Person von Ihrer Geschäftsidee zu überzeugen. Warum »vermeintlich«? Sie dürfen das Ganze gerne mit jemandem ausprobieren, den Sie kennen, dann müssen Sie nur so tun, als wäre er oder sie Ihnen unbekannt. Die Aufzugsfahrt dauert vielleicht 60 Sekunden und Sie sollen diese Zeit nutzen, um beim Gegenüber Interesse oder Neugierde zu erzeugen. Diese Kurzbeschreibung dient auch dazu, sich auf Veranstaltungen oder Ähnlichem zu präsentieren. Es sei denn, Sie möchten jemandem eine Frikadelle ans Ohr quatschen; diese Leute bleiben zwar auch im Gedächtnis, aber sicher nicht positiv. Also, wie sieht Ihr Elevator Pitch aus? Was sagen Sie in den 60 Sekunden? Notieren Sie das einmal hier:

Mein Elevator Pitch:

Meiner sieht so aus:

»Hallo, ich bin Felix Thönnessen, Autor und Start-up-Coach. Wenn es um Umsatz für Start-ups geht oder Gründer eine Finanzierung brauchen, bin ich der richtige Ansprechpartner. Mit meinem Team in Düsseldorf erarbeite ich Konzepte und Strategien, um Start-ups und Existenzgründer erfolgreich zu machen und um Kunden für sie zu gewinnen. Ich arbeite weiterhin als Speaker und Dozent für verschiedene Universitäten und Wirtschaftsverbände und halte Vorträge zum Thema Existenzgründung und Marketing. Wenn Sie eine Finanzierung suchen, kann ich Ihnen auch mit meiner Beteiligungsgesellschaft helfen.«

Ich gebe zu, das ist schon sehr werblich. (Nein, das stinkt nach Werbung, Herr Thönnessen!) Aber anhand meines Textes erkläre ich Ihnen gerne, worauf es ankommt. Was fällt Ihnen an meinem Text auf? Vergleichen Sie diesen mal mit Ihrem und suchen Sie nach Unterschieden und Gemeinsamkeiten. Ich gebe Ihnen ein paar Tipps:

1. Wichtige Dinge verdopple ich immer. Vielleicht haben Sie gemerkt, dass ich manchmal von »Start-ups« und »Existenzgründern« spreche. So bleibt ein Wort häufig noch etwas länger im Kopf. (Den Ausdruck »GoG« kennen leider noch zu wenige.)

2. Ich habe bewusst die relevanten Begriffe meiner Zielgruppe aufgenommen. Dazu gehören »Umsatz«, »Finanzierung«, »Kunden gewinnen«.

3. Ich nenne meinen Namen zu Beginn. Ich will ja im Kopf bleiben.

In meinem Fall ist das gar nicht so einfach, da ich Bücher schreibe, Start-ups berate, Vorträge halte und eine Beteiligungsgesellschaft habe. (Mein Gott, ich bin so toll. Willkommen in der wunderbaren Welt des Bauchladens, Herr Thönnessen!) Also mal ehrlich, konzentrieren Sie sich auf das Wesentliche, sprechen Sie in angenehmem Tempo und betonen Sie die Dinge, die wichtig sind.

Tagtäglich werden wir von einer großen Informationswelle überflutet. Vom Radio beim Frühstück, von Plakaten auf dem Weg zur Arbeit, sozialen Medien bis zu Werbespots zur Primetime. Allerdings erinnere ich mich kaum an die Inhalte, die ich über den Tag verteilt gesehen, gehört oder anders wahrgenommen habe. Bei der Flut an Informationen beginnen wir automatisch zu filtern, damit unser innerer Speicher nicht explodiert. Oder könnten Sie sich jede Werbebotschaft merken? Fakten sind generell schwieriger zu behalten als Dinge, die uns begeistern. Denken Sie doch mal an die Schulzeit zurück, in der Sie mühselig alle Klausurthemen auswendig gelernt haben. Bei Ihrem Lieblingslied dagegen konnten Sie jedes Wort mitsingen. Und heute können Sie immer noch Märchen aus der Kindheit nacherzählen. Der Trick: Erzählen Sie eine Geschichte von Ihrer Geschäftsidee und bleiben Sie so im Kopf. Im Marketing nennt man das Storytelling.

Es geht darum, eine Geschichte zu erzählen, um Werte, Visionen und Botschaften zu vermitteln. Storytelling hat das Ziel, den Kunden durch eine direkte Ansprache die Geschichte um das Produkt herum näherzubringen. Das eigentliche Produkt steht eher im Hintergrund, es geht vielmehr um die Markenbotschaft, um das Gefühl und die Visionen der Marke. Nehmen wir zum Beispiel Red Bull mit der Botschaft, Flügel zu verleihen. Kein Werbespot konnte diese Botschaft so gut herüberbringen wie der Sprung von Felix Baumgartner aus der Stratosphäre. Dabei war das Produkt, also der Energydrink, nicht einmal Kernthema. (Dass Red Bull etwas damit zu tun hatte, hat man schon gesehen.) Ein anderes Beispiel ist die Telekom. »Erleben, was verbindet« ist die Botschaft, die durch die Geschichte von Bob und Linda vermittelt wurde. Bob wollte seiner krebskranken Frau Linda Kraft schenken, indem er sich in einem rosa Tutu an allen möglichen Orten fotografieren ließ. Die Aktion von Bob wurde weltweit bekannt. Die Telekom griff die emotionale Geschichte auf.

Jede Marke hat eine andere Geschichte, die erzählt werden will. Dabei sind Mythen und Märchen gute Vorbilder und werden oft für den Aufbau von Erzählwelten genutzt. Wussten Sie zum Beispiel, dass das Bild des Weihnachtsmannes, wie wir ihn kennen, durch die Marke Coca-Cola entstand? Eine Geschichte hilft Ihnen, Ihr Produkt im Markt zu positionieren und Werte zu vermitteln. Wichtig dabei ist, einen roten Faden zu finden und eine Botschaft über alle Kanäle gleich zu kommunizieren. (Darum habe ich übrigens auch einen roten Buchfaden gewählt. Sehr schlau, Herr Autor!)

Betrachten Sie Ihre Visionen und Werte und machen Sie sich Gedanken, was Sie vermitteln wollen. Werden Sie kreativ und nehmen Sie Ihre Kunden mit auf eine Reise durch Ihre Markenwelt. Welche Geschichte können Sie erzählen? Das kann etwas in der Vergangenheit sein, etwas, das in der Zukunft liegt, oder mit etwas ganz anderem zu tun haben. Denken Sie an Meister Proper, Merci, den Spee-Fuchs, Ferrero Küsschen oder Jacobs Krönung.

Meine Geschichte:

_____

_____

_____

_____

_____

_____

_____

_____

_____

Ihre Geschichte sollte Bestand haben und nicht übermorgen anders klingen. Meine Geschichte ist leider sehr unspektakulär. (Prima Einstieg, Herr Autor!) Vor vielen Jahren habe ich gemerkt, dass Existenzgründer in unserer Stadt keine Anlaufstelle hatten, an die sie sich wenden konnten. Jung und naiv habe ich mir dann gedacht: Mach doch eine Start-up-Beratung auf. Und schwups, der Coach war geboren. Oder ich erzähle die Geschichte von Lucky Luke, der schneller als sein Schatten schießen kann. Der Schatten begleitet ihn überallhin, genau dieser Schatten bin ich und ich versuche so, Start-ups mehr oder weniger unsichtbar zu begleiten. (Super, ich bin ein Stalker. Storytelling üben wir aber noch ein bisschen, Herr Thönnessen!)

Wir alle haben unsere Idole und Vorbilder, denen wir nacheifern, sei es durch eine besonders sportliche Lebensweise, das neueste Outfit oder den Konsum von zehn Kilo Chiasamen am Tag. Unsere Vorbilder machen manche Trends erst interessant für uns, denn wir vertrauen auf ihre Meinungen. Dieses Vertrauen sollten Sie auch für Ihr Marketing nutzen, denn in einer Zeit, in der jedes Unternehmen sowohl positiv als auch negativ bewertet werden kann, spielen Meinungsbildner eine entscheidende Rolle. (Wenn Sie Ihr eigenes Idol sind, ist das auch kein Problem.) Wovon ich gerade rede, nennt sich Influencer-Marketing und verfolgt das Ziel, Meinungsbildner dazu zu nutzen, die Bekanntheit der eigenen Marke zu fördern und den Kaufprozess zu unterstützen. Aber wie finde ich diese Personen, die Einfluss auf meine Kunden haben könnten?

Zuallererst sollten Sie sich Themen rund um Ihr Produkt und Ihr Unternehmen heraussuchen, damit Sie ein besseres Bild davon haben, in welche Richtung Sie Ihre Suche nach Influencern lenken sollten. Wenn Sie Ihre Themen eingegrenzt haben, kann die Suche nach Bloggern, YouTubern und Co. losgehen. Alle relevanten Meinungsbildner zeichnen sich durch eine hohe Reichweite aus, das bedeutet, man findet sie auf fast allen Social-Media-Plattformen wie Facebook, Twitter oder einem lustigen Videoportal. Einfacher geht es natürlich auch über verschiedene Webseiten, auf denen viele bekannte Influencer gelistet sind. In erster Linie geht es beim Influencer-Marketing nicht um den direkten Verkauf, sondern darum, Vertrauen für die Marke zu schaffen oder diese überhaupt erst einmal bekannt zu machen. Ein weiterer Vorteil ist, dass eine neue Zielgruppe auf Sie aufmerksam wird, nämlich die Follower dieser Multiplikatoren.

Haben Sie einen Influencer ausfindig gemacht, bitten Sie ihn darum, über seine Meinung zu Ihrem Produkt oder Unternehmen zu schreiben. So wäre es jedenfalls am einfachsten. Leider wird das in den meisten Fällen nicht passieren. Die meisten Influencer sind Nemiuse. Was Nemiuse sind? Das habe ich im ersten Buch doch erklärt. Na gut, das sind solche, die zuallererst auch eine Gegenleistung erwarten für das, was sie tun. Welchen Mehrwert können Sie liefern? Kostenlose Produkte, Geld oder einen Tanz an der Stange? Seien Sie kreativ und nutzen Sie diese Multiplikatoren für sich. Bleiben Sie aber geduldig, Sie wollen ja nicht, dass Ihr Influencer von Ihnen genervt ist, oder? Gerade Blogger verpacken die Erfahrungen, die sie mit ihrem Produkt gemacht haben, in Geschichten, wodurch sie authentischer und leidenschaftlicher wirken als durch jede andere Marketingaktivität. (Noch ein Grund für ein persönliches Storytelling.) Aber nicht nur Personen können als Multiplikatoren dienen, sondern auch Aktionen, die über soziale Netzwerke geteilt und geliked werden. Wichtig ist nur, relevante Themen aufzunehmen, die zu Ihrer Zielgruppe und zu Ihrer Marke passen. Welche Influencer fallen Ihnen ein beziehungsweise welche haben Sie herausgefunden, die als Multiplikatoren dienen können?

Meine Influencer:

1. _____

2. _____

3. _____

Wir sind alle menschlich, deshalb behalten wir emotionale Botschaften eher im Kopf als Fakten. Verpacken Sie also Ihre Botschaft in eine emotionale Nachricht. Jede Frau kauft Calgon natürlich nur, damit der nette und zufällig sehr attraktive Nachbar auf ein Gläschen Wein vorbeikommt, weil ihre Gläser so sauber sind. (Darum habe ich immer Calgon zu Hause.)

Sie merken, es geht zunächst darum, die Marke als solches zu schärfen und eine entsprechende Geschichte darum zu erzählen. An welche Marken können Sie sich jetzt in diesem Moment erinnern und vor allem warum?

Meine Marken:

Marke 1	Marke 2	Marke 3
Begründung	Begründung	Begründung

Gibt es Verbindungen zwischen Ihren Marken oder Dinge, die Sie für Ihren Markenaufbau nutzen können? Was können Sie von diesen Marken lernen?

Ein Preis, der passt

Ich werde immer wieder gefragt, wie es Unternehmen wie Apple schaffen, dass Konsumenten so viel Geld für deren Produkte ausgeben, obwohl die Herstellungskosten einen solchen Preis nicht rechtfertigen. Nun, Ihnen und mir ist klar, dass Sie hier die Marke bezahlen. Das Interessante daran ist sicher, dass die Marke teilweise einen erheblich höheren Wert hat als die Kosten zur Herstellung des Produktes. Das vermeintlich nicht Fassbare ist mehr wert als das, was ich anfassen oder messen kann – verrückte Welt. Der Effekt, der das alles noch verstärkt, heißt Veblen-Effekt. Eigentlich könnte es keinen besseren Namen geben. Klingt doch ein wenig nach »verblendet«. Und genau das sind wir in solchen Situationen doch oft. Obwohl wir wissen, dass das Produkt den Preis nicht rechtfertigt, schlagen wir zu. (Bitte, bitte, ich will unbedingt!)

Die Begrifflichkeit »Veblen-Effekt« stammt aus der Volkswirtschaftslehre und beschreibt das Phänomen, dass die Nachfrage nach einem bestimmten Produkt steigt, obwohl der Preis für das Produkt erhöht wird. Normalerweise ist es üblich, dass, sobald ein Produkt teurer wird, mehr Leute versuchen, auf dieses Produkt zu verzichten, und somit die Nachfrage sinkt – BWL-Grundkurs I. Der Veblen-Effekt beschreibt die gegensätzliche Reaktion auf die Preiserhöhung: Die Nachfrage nach diesem Produkt steigt. Ursache dafür ist, dass die Käufer dem Produkt nun einen höheren Wert beimessen aufgrund des höheren Preises. Viele Konsumenten erhoffen, mit dem Kauf eines solchen Produktes den eigenen Status gegenüber anderen Personen aufzuwerten.

Wer kennt das nicht, dass man oftmals davon ausgeht, dass das teurere Produkt auch besser sein muss? Sie und auch ich wissen aber, dass das nicht immer der Fall ist. Aber trotzdem existiert dieses verrückte Phänomen, das oftmals Hypes um bestimmte Produkte auslöst. Wir befinden uns zeitweise wie in einem Kampf untereinander. Wenn mein Nachbar sich das Produkt nicht leisten kann, dann ist es vielleicht umso mehr für mich gemacht. Ich stolziere dann ein wenig damit auf der Straße rum. Nein, natürlich kauft niemand bewusst Markenprodukte, das tun wir natürlich nur, weil diese auch eine bessere Qualität haben. Natürlich, so sind wir doch alle. (Ironie Ende.)

Neben der Überlegung, welchen Preis Sie für Ihr Produkt ansetzen, sollten Sie sich die Frage stellen, ob Ihr Produkt generell für jeden verfügbar sein sollte. Das klingt suspekt? Ja, das soll es. Ich meine damit nicht, dass Sie Menschen verbieten, Ihre Produkte zu kaufen, sondern vielmehr, dass Sie die Produkte bewusst verknappen. Ein Beispiel: Stellen Sie sich vor, ich würde das Buch hier massiv bewerben und würde aber gleich dazusagen, dass es nur 50 Stück gibt. (Eventuell pack ich das dann noch in einen goldenen Umschlag.) Vielleicht würde ich den Preis auch nach oben treiben und nenne es »Die Gründer-Bibel«. Ich glaube, das Buch wäre sehr schnell vergriffen. Denken Sie darüber nach, ob Sie solche Effekte auch für Ihre Leistungen nutzen können/wollen.

Da dies ein Workbook ist, wollen wir uns jetzt mit dem Thema Preis auseinandersetzen. Das Ganze hätte ich an drei Stellen einbauen können. Zum einen in Stufe 3 zum Produkt, zum anderen in Stufe 7 zur Finanzkalkulation und zu guter Letzt eben beim Marketing. Warum ich mich für Stufe 3 entschieden habe? Weil ein Preis verkaufen soll, das ist nach meiner bescheidenen Meinung die Hauptaufgabe. Und genau darum geht es hier: dass Ihr Preis Ihre Produkte verkauft. Ja, natürlich muss der Preis Ihre Kosten decken und zum Produkt passen. Das ist für mich die Basis, aber ohne diesen Verkaufsansatz geht es einfach nicht.

Wie bestimmen Sie also den Preis für Ihr Produkt? Nun, ich will Ihnen meine drei Lieblingsmethoden vorstellen und mit Ihnen zusammen daran arbeiten. Bereit? Sehr gut.

Fangen wir mit den lieben Kunden an und machen uns zunächst Gedanken dazu, wie viel Ihre Kunden zu zahlen bereit sind. Dafür ist es wichtig, ein paar Dinge zu wissen. Wir müssen wissen, inwieweit die Kunden in den Kaufprozess involviert sind. Leider können wir nicht direkt in die Köpfe der Kunden blicken, aber wir können das Ganze auch so herausfinden. Wenn Sie Ihr eigenes Produkt kaufen würden, wie umfangreich würden Sie sich vor dem Kauf informieren? Wie sehr würden Sie das Produkt mit Konkurrenzprodukten vergleichen oder Testberichte durchstöbern? Das Involvement kann sehr unterschiedlich sein. Neben Werten und Einstellungen, die das Involvement wachsen oder schrumpfen lassen, spielt der Preis eine besondere Rolle. Die meisten Konsumenten sind bei Produkten, die einen bestimmten Preis überschreiten, automatisch mehr involviert, einfach, weil das Portemonnaie mehr schmerzt als bei anderen. Sprechen Sie zunächst mit Personen aus Ihrem näheren Umfeld darüber, welchen Preis diese für angemessen halten. Noch besser oder realistischer wird das natürlich, wenn Sie zukünftige Kunden ansprechen und diese nach ihrer Meinung fragen. Sie machen also eine kleine Marktforschung. Versuchen Sie dabei, Ihr Produkt sachlich zu umschreiben und die Befragten möglichst wenig zu beeinflussen. Wenn Sie mehrere Produkte haben, dann tun Sie dies gerne auch für alle. Wie viel ist Ihnen ein Latte macchiato wert? Was würden Sie für diese App zahlen? Was sind Sie bereit, für diesen Service aufzubringen? Bilden Sie aus den gesammelten Informationen einen Durchschnitt und löschen Sie vielleicht gleich zu Beginn die netten Menschen, die für nichts Geld ausgeben würden, oder vielleicht auch die Oma, die Ihnen 1.000 Euro für einen Kaffee gibt, weil sie Sie so gerne hat.

Mein erster Preisvorschlag auf der Basis potenzieller Kunden (Durchschnitt):

Kommen Sie mir jetzt bitte nicht mit »Warum sind da nur drei Linien?«. Seien Sie kreativ und schreiben Sie über den Text, den Sie schon gelesen haben. Haben Ihnen die Angaben geholfen oder sind Sie eher überrascht? Ich stelle bei meinen Start-up-Beratungen immer wieder fest, dass die Eigen- und die Fremdvorstellung ziemlich stark variieren können.

Neben den Kunden können wir uns noch weitere Informationsgeber zunutze machen, um auf den richtigen Preis zu kommen. Werfen wir doch noch mal einen Blick auf die Freunde der Konkurrenz. Welche Preise werden da so aufgerufen? Sie kennen die Preise der Konkurrenz nicht? Schon mal als Kunde angerufen und ein Angebot schicken lassen? Kann manchmal Wunder helfen. Ich nehme mir immer drei Konkurrenten zur Brust und schreibe mir deren Preise auf. Da war doch was? In Stufe 5 haben Sie die Konkurrenz analysiert und da gab es auch das Feld Preis. Erinnern Sie sich? Wir brauchen also drei Konkurrenzpreise. Wenn Sie Dienstleistungen anbieten, nehmen Sie beispielhaft den Preis für eine bestimmte Leistung. Auch hier bilden wir den Durchschnitt.

Mein zweiter Preisvorschlag auf der Basis der Konkurrenz (Durchschnitt):

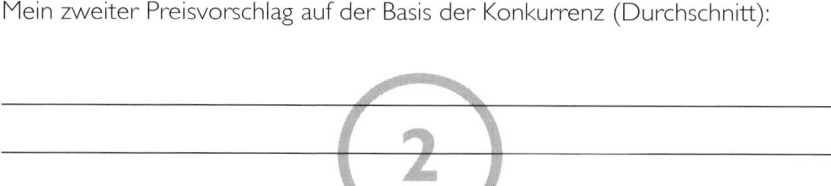

Da wären es doch schon mal zwei. Einer kommt noch. Wir haben ja darüber gesprochen, dass Ihr Umsatz Sie am Leben halten sollte. (Haben wir das?) Und den Umsatz berechnet man mit Menge x Preis. (Sie bemerken meine fundierten BWL-Kenntnisse.) Somit hat der Preis direkten Einfluss darauf, ob das Vorhaben klappt. Der Preis kann also auch im Hinblick auf die Kosten kalkuliert werden. Warum »im Hinblick«? Weil der Preis dazu führen soll, dass Ihre Kosten gedeckt sind. Mir ist bewusst, dass das eigentlich der Umsatz ist, aber die Verbindung der beiden haben wir gerade herausgestellt. Wir haben uns zwar noch nicht mit der letzten Stufe, »den Zahlen«, beschäftigt, aber ich will das Thema trotzdem hier reinpacken. Was kostet Sie die Produktion oder Herstellung Ihres Produktes? Das klappt auch bei Dienstleistungen, etwa wenn Sie Ihre monatlichen Fixkosten auf die angebotene Leistung umlegen. Wenn Sie diese Kosten kennen, können Sie etwas aufschlagen, das das Geschäft rentabel macht. Beispiel? Gerne. Sie brauchen 20 Cent, um einen Kaffee herzustellen, es kommen aber noch 30 Cent dazu, wenn Sie Miete, Personal et cetera auf die Anzahl des verkauften Kaffees umlegen. Macht also 50 Cent, auf die Sie dann den besagten Aufschlag draufpacken. Wie hoch der sein soll? Das ist zunächst Ihnen überlassen. Aber auch hier können Sie sich an marktüblichen Margen orientieren. Vielleicht sollten Sie sich nicht gleich an Starbucks orientieren, auch hier wird für die etablierte Marke gezahlt. (Ein ganz kleines bisschen.)

Mein dritter Preisvorschlag auf der Basis der anfallenden Kosten:

3

Wenn Sie wollen, können Sie hier noch einen Schritt weitergehen. Wie? Bilden Sie den Durchschnitt aus den drei oben genannten Kalkulationen. Aber Vorsicht: Wenn Ihre Kunden bereit sind, 50 Euro für Ihr Produkt zu bezahlen, die Konkurrenz 30 Euro aufruft und Sie eigentlich für 25 Euro verkaufen könnten, bedeutet das nicht zwangsläufig, dass 35 Euro der richtige Preis sein muss.

Ihr Durchschnittspreis:

Ich habe übrigens immer drei Linien gemacht, damit Sie drei Produkte eintragen können. (Hatte ich das erwähnt? Vergessen.)

Warum ist 35 Euro nicht der richtige Preis? Weil Ihre Kunden offensichtlich mehr bezahlen würden, als die Konkurrenz derzeit aufruft. Die Frage ist natürlich, wann dies der Fall ist. Wenn Sie sich nicht von der Konkurrenz unterscheiden, sind Ihre Kunden nicht bereit, 50 Euro zu bezahlen.

Sie merken: Auch hier spielen das Alleinstellungsmerkmal, die Ansprüche der Konsumenten, die Marke und die zugrunde liegende Geschichte eine Rolle. Welche Geschichte? Die, die Sie erzählen, die sich im Kopf der Konsumenten verankern soll.

Werbung, überall Werbung

Keine Sorge, wir kommen jetzt zu den versprochenen Kommunikationsmaßnahmen, die Ihnen zur Verfügung stehen. Die Auswahl ist schier unendlich. Ich habe überlegt, wie ich Sie am besten unterstützen kann. Ich könnte Ihnen meine Top 10 aufschreiben, Ihnen ein paar Tipps geben oder einfach Sie arbeiten lassen. Worauf haben Sie Lust? (Nicht, dass Sie das entscheiden dürften.) Fangen wir doch zunächst mit ein paar Fragen an, die Sie nicht nur mir, sondern vor allem sich selber beantworten sollten:

Wie wollen Sie Kunden gewinnen?

_____

_____

_____

_____

_____

Wie wollen Sie Ihre Kunden dazu bewegen, Kunden zu bleiben?

_____

_____

_____

_____

_____

Ich habe es mir einfach gemacht und die zwei entscheidenden Fragen gestellt. Die nach dem Gewinnen von Kunden und die nach dem Halten. Das ist nämlich nicht das Gleiche. (Okay, vielleicht hätten Sie das auch ohne mich gewusst.) Welche Vorstellungen haben Sie, die die Kundengewinnung betreffen? Haben Sie hier schon sinnvolle Werbemaßnahmen entwickelt?

Um ein wenig Content auszulagern, habe ich ein E-Book gebastelt mit vielen Marketingtipps für unter 100 Euro. (Na ja, auch um Sie auf meine Website zu lenken.) Das E-Book finden Sie in der Toolbox unter *www.team.coach-felix.de*. Kosten? Keine.

Oft sitzen Gründer bei mir in der Beratung, die genau nach solchen Maßnahmen suchen. Weltherrschaft ohne Budget ist eine ganz besondere Herausforderung.

Insgesamt gibt es so viele Werbemöglichkeiten, dass es das Buch sprengen würde, wenn ich Ihnen alle auflisten würde. In der Marketingtheorie unterscheidet man Above-the-line- und Below-the-line-Maßnahmen. Zwei tolle Namen: über der Linie und unter der Linie. Was der Unterschied ist? Nun, bei Unter-der-Linie-Marketing geht es um Werbung, die direkt ist. Über-der-Linie ist dagegen eher unpersönlich. Warum man dafür eine Linie braucht? Ich weiß es nicht. (Na ja, doch, es hat irgendwas mit einem Spiel zu tun.)

Bauen Sie eine Beziehung zum Kunden auf, um ihn langfristig an Ihr Produkt oder Ihr Unternehmen zu binden. Ein gut frequentierter Kontakt mit zielgruppenspezifischen Inhalten ist ein guter Schritt in die richtige Richtung.

Jetzt gibt es in der Werbung natürlich mehr als nur eine Möglichkeit, den Kunden auf sich und seine Produkte aufmerksam zu machen. (Wäre ja auch ziemlich blöd, wenn es nur eine gäbe.) Ich habe einfach mal eine kleine Liste gemacht, was mir da so gerade in den Sinn kommt.

Werbemaßnahmen:

Werbespots	Gutscheine	Kataloge
Plakate	Zusatzverkäufe	Wurfbriefe
Litfaßsäulen	Gewinnspiele	Werbepostkarten
Digitale Außenwerbung	Produktproben	Coupons
Fahrzeugwerbung	Promotion	Gewinnspiele
Lichtwerbung	Corporate Events	PR
Flyer (in Bussen und Bahnen)	Public Events	Banner-Werbung
Guerilla-Marketing	Charity/Social/Cultural Events	Newsletter
City-Light-Poster	E-Mail-Newsletter	SEO
QR-Code-Shopping	E-Mail-Responder	SEA
TV-Spots	Cold Calls	Social-Media-Werbung
Programmsponsoring	Sportsponsoring	Blogs
Product-Placement	Kultursponsoring	Verlinkungen
Produktplatzierung im Film	Sozio-Öko-Sponsoring	In-Stream-Werbung
Zeitungsanzeigen	Bildungssponsoring	Affiliate-Marketing
Zeitungsartikel	Ambush-Marketing	Viral-Aktionen
Produktproben in Zeitschriften	Öffentlichkeitsarbeit	Messen
Adressierte Werbebriefe (Direct Mailing)	Network-Marketing	Kooperationen
Kundenzeitschriften	Empfehlungsmarketing	Prospekte
		Flyer

Welche der oben genannten Maßnahmen bieten sich in Ihrem Bereich an? Machen wir es doch einfach und tragen die jeweiligen Möglichkeiten auch gleich über und unter der Linie ein. (Wehe, Sie haben wieder vergessen, was das war!)

So bekommen Sie ein Gefühl für nützliche Maßnahmen und unterteilen diese gleich in solche, die den Kunden direkt ansprechen sollen, und solche, die eher die Masse anpeilen.

Eine kleine Aufgabe:

Schreiben Sie einen Presseartikel für Ihr eigenes Unternehmen, den ein Redakteur veröffentlichen soll. Der zweite Teil ist dabei besonders wichtig. Der Mehrwert für den Leser sollte im Vordergrund stehen und nicht Ihrer. Beispiel: »5 Tipps für eine jüngere Haut« oder »Wie Sie mit Immobilien reich werden«. Sie lesen doch sicher auch eher Texte, die einen Mehrwert haben, und nicht solche, in denen sich der Autor brüstet oder mit seinen Produkten wirbt. (Jetzt begebe ich mich auf dünnes Eis.) Wenn Sie nicht selber schreiben können, dann suchen Sie jemanden. (Ich helfe auch gerne.)

Oft eignen sich bestehende Unternehmen oder andere Start-ups als Partner, um gemeinsam Kunden zu gewinnen. Welche Kooperationen könnten für Sie nützlich oder von Vorteil sein? Wenn Sie etwa Schuhe verkaufen, macht die Kooperation mit einem Herrenausstatter Sinn, da die beiden Produkte eine direkte Verbindung haben. Kosmetikstudio – Friseur, Physiotherapeut – Arzt, Onlineshop für Brillen – lokaler Optiker. Sie sehen schnell, dass der Blickwinkel manchmal entscheidet, ob es sich um einen Konkurrenten oder einen Kooperationspartner handelt.

Meine Kooperationspartner:

Unternehmen I	Unternehmen II	Unternehmen III
Mein Vorteil	Mein Vorteil	Mein Vorteil

Neben klassischen Marketingmaßnahmen spielt der Vertrieb eine übergeordnete Rolle. Seine Produkte zu verkaufen ist eine hohe Kunst. Ich kann mich da gut an meine kläglichen Anfänge erinnern. Wirklich Spaß gemacht hat das Ganze nicht. Wenn Sie einen möglichen Kunden etwa im B2B-Bereich anrufen und von Ihren Produkten überzeugen wollen, spricht man von einem sogenannten Cold Call – ein herrliches Vergnügen. Ich weiß natürlich nicht, was Sie so genau vorhaben und ob Sie Privatpersonen oder andere Unternehmen als Kunden haben. Aber ich finde es ungemein wichtig, dies zu trainieren. Eigentlich gibt es ja nichts, was weniger Spaß macht, genau deshalb sollten Sie das ein paarmal probieren. Auch wenn Sie noch kein Produkt haben, will ich Ihnen diese kleine Aufgabe aufgeben. Suchen Sie sich einen potenziellen Kunden raus (vielleicht einfach aus dem Telefonbuch oder dem Internet), rufen Sie diesen an und versuchen Sie, ihm oder ihr das Produkt zu verkaufen. Überlegen Sie sich vorher genau, was das Ziel des Anrufes ist: ein Termin, ein wirklicher Abschluss oder einfach nur nicht beleidigt zu werden. Ich probiere das mit Ihnen an dieser Stelle. (Das ist jetzt kein Autorenunsinn.) Also Hörer in die Hand und einmal durchklingeln.

Welche Erfahrung haben Sie gemacht? Was ist Ihnen leicht- und was schwergefallen? Wurde Ihnen der Kopf abgerissen?

Meine Erfahrung mit einem Cold Call:

_____

_____

_____

_____

_____

_____

Sie merken an dieser Stelle, dass Sie schnell mit Kritik oder seltsamen Fragen umgehen müssen. Da hilft es, sich bestmöglich vorzubereiten. Ein kleiner Tipp von mir: Spielen Sie diese Vertriebsgespräche im Rahmen einer Minivertriebssituation mit verschiedenen Personen durch und notieren Sie sich die Kritikpunkte und Anregungen, um im nächsten Kundengespräch noch besser vorbereitet zu sein.

Welche Kritik wird an meinem Produkt geäußert?

_____

_____

_____

_____

Welche Kritik wird an mir geäußert?

_____

_____

_____

_____

_____

_____

Welche eigenen Erkenntnisse ziehe ich aus dem Verkaufsgespräch?

_____

_____

_____

_____

_____

Nehmen Sie sich diese Punkte zu Herzen, und Sie werden in der nächsten ähnlichen Situation besser und erfolgreicher sein. Ich bringe es noch mal auf den Punkt: Wenn Sie nichts verkaufen, dann wird das auch nichts mit der Selbstständigkeit. Ich gebe Ihnen gerne meine wichtigsten Tipps für ein erfolgreiches Verkaufsgespräch mit auf den Weg. Kopieren Sie sich die Liste, schneiden Sie sie aus und hängen Sie sich das Ganze an den Kühlschrank oder nageln Sie es ans Bett.

Werden Sie zum Topverkäufer

- ☐ Sprechen Sie in klaren, kurzen Sätzen.
- ☐ Definieren Sie Ihr Ziel klar und verfolgen Sie dieses.
- ☐ Stellen Sie die Vorteile und den Nutzen für den Kunden in den Vordergrund.
- ☐ Gehen Sie auf Einwände ein und akzeptieren Sie Kritik.
- ☐ Lenken Sie das Gespräch in Richtung Ihres Ziels.
- ☐ Geben Sie Ihrem Gegenüber das Gefühl, dass Sie sich für es interessieren.
- ☐ Verlieren Sie den Kunden nicht nach dem Kauf. Machen Sie Kunden zu Multiplikatoren.
- ☐ Bleiben Sie bei der Wahrheit – das ist langfristig definitiv der bessere Weg.
- ☐ Erschaffen Sie Bilder im Kopf Ihrer Kunden.
- ☐ Bleiben Sie hungrig und geduldig, manches braucht seine Zeit.
- ☐ Arbeiten Sie mit Fragen. Je mehr Sie wissen, desto besser können Sie auf den Kunden eingehen.
- ☐ Entfachen Sie ein Feuer durch Ihre eigene Überzeugung für Ihr Produkt.
- ☐ Beenden Sie Gespräche, wenn Sie merken, dass Ihr Aufwand keinen Ertrag mit sich bringen wird.
- ☐ Reden Sie nicht um den heißen Brei herum, sondern kommen Sie auf den Punkt.
- ☐ Das Gesagte muss einen wertvollen Inhalt haben, sonst sagen Sie lieber nichts.

Eine Millionen Mal Internet

Ohne das Internet geht ja heute bekanntlich nichts mehr. Also wollen wir uns das wunderschöne Onlinemarketing natürlich auch ein bisschen anschauen. Was ich sehr traurig finde, sind GoGs, die viel Geld für einen Onlineshop oder eine tolle Website ausgeben und dann vergeblich auf Kundschaft warten. Vielleicht wissen Sie schon, worauf ich hinauswill? Sie brauchen eine Strategie, dass die Kunden Sie auch finden.

Nachdem wir uns in Stufe 2 und Stufe 3 damit beschäftigt haben, Ihre Idee und Ihr Produkt zu definieren und dem Kind einen Namen zu geben, geht es im Onlinemarketing darum, das Ganze auf die Straße zu bekommen. Die potenziellen Kunden kennen Sie nicht. Darum müssen diese im ersten Schritt erst mal auf Ihre Seite gelenkt werden. Wie das geht? Nun, um es mal ganz einfach zu sagen, haben Sie hier zwei Möglichkeiten. Die erste heißt viel Arbeit und die zweite viel Geld. Sie dürfen sich gerne auch für beide entscheiden. Na ja, so ganz richtig war das jetzt nicht, aber dazu später mehr. (Schön, wenn man seine eigenen Thesen widerruft.)

Um Kunden im ersten Schritt auf die eigene Website zu lenken, empfehle ich Ihnen herauszufinden, wonach Ihre potenziellen Kunden überhaupt suchen, also welche Keywords in den jeweiligen Suchmaschinen eingegeben werden. Das ist der Start. Dazu können Sie beispielhaft den Google Keyword Planner verwenden. Damit finden Sie raus, welche Begriffe bei Google monatlich wie oft eingegeben werden. Aber hier geht es nicht um Ihr Suchverhalten, sondern um das der Kunden. Oft ist die eigene Vorstellung eine komplett andere. Also, ab in den Planer und einmal die relevanten Begriffe eingeben. Welche relevant sind? Alle, die im Kontext mit Ihren angebotenen Leistungen stehen. Diese Begriffe können Sie sich auch wunderbar nach der Suchhäufigkeit sortieren lassen. Vielleicht beginnen wir mit den zehn Begriffen, die am häufigsten gesucht werden.

Meine Top-10 Keywords:

1. _____ Suchhäufigkeit: _____

2. _____ Suchhäufigkeit: _____

3. _____ Suchhäufigkeit: _____

4. _____ Suchhäufigkeit: _____

5. _____ Suchhäufigkeit: _____

6. _____ Suchhäufigkeit: _____

7. _____ Suchhäufigkeit: _____

8. _____ Suchhäufigkeit: _____

9. _____ Suchhäufigkeit: _____

10. _____ Suchhäufigkeit: _____

Damit ist das aber noch nicht zu Ende. Manchmal macht es Sinn, sich Nischen zu suchen (denken Sie an die Seitenstraße), um vielleicht den großen Konkurrenten aus dem Weg zu gehen. Hier empfehle ich Ihnen, nach drei Nischenbegriffen zu suchen.

Meine Nischenbegriffe:

1. _____ Suchhäufigkeit: _____

2. _____ Suchhäufigkeit: _____

3. _____ Suchhäufigkeit: _____

Ein Beispiel? Gerne. Wenn Sie zum Beispiel einen Onlineshop für Schuhe aufbauen, sind die Top-10-Begriffe schnell gefunden: Schuhe, Businessschuhe, Sandalen, High Heels, Stiefel ... Hier ist die Konkurrenz sicher sehr groß. Also sollten Sie auch nach Nischen suchen wie schwarze Espandrilles, Stiefel mit Reißverschluss oder Sandalen mit Tennissocken.

Haben Sie schon eine Vorstellung, wie Ihre Website aussehen könnte und wie Sie den Besucher zu einem Kunden machen wollen? Suchen Sie drei Websites heraus, die Ihnen gefallen. (Gerne aus verschiedenen Branchen.) Drucken Sie die jeweiligen drei Startseiten klein aus und kleben Sie diese hier rein. Wenn Sie so faul wie ich sind, dürfen Sie auch einfach Stichpunkte eintragen, die Ihnen an den Seiten gefallen.

Jetzt schauen Sie sich diese genau an und überlegen sich, welche Elemente Sie für Ihr Vorhaben übernehmen können. Die Startseite ist quasi die Eingangshalle, wenn Sie die Tür geöffnet haben. Wie soll Ihre Seite aussehen? Ob Sie malen, was reinschreiben oder was auch immer – Ihre Entscheidung.

So haben Sie auch eine Grundlage für das Gespräch mit Grafikern oder Programmierern.

Wenn ich mir einige Websites anschaue, stelle ich mir immer eine entscheidende Frage: Was ist überhaupt das Ziel dieser Seite? Nun, die meisten Seiten verfolgen, glaube ich, gar kein Ziel, und das ist doch sehr schade. Welches Ziel verfolgen Sie mit Ihrer Seite?

Mein Websiteziel:

_____

_____

_____

Bitte tragen Sie nicht nur »Kunden gewinnen« ein, sondern notieren Sie ebenfalls, wie das vonstattengehen soll.

Wo kamen eigentlich die Blumenkränze à la Lana Del Rey her, die in einem der vergangenen Sommer auf den Köpfen so vieler Mädchen zu sehen waren? Der Hippie-Trend erlebte einen neuen Boom. Pünktlich zum Sommer und zur Festivalsaison waren die Blumenkränze wohl das Must-have zu jedem Outfit. Als Mann musste man sich erst einmal daran gewöhnen. Woher ich das weiß? Aus Google Trends. Mit Informationen über alle eingegebenen Suchbegriffe lassen sich ziemlich genaue Prognosen über Interessen und Trends entdecken. Zum Beispiel, dass vor Weihnachten alle Männer in die Geschäfte ziehen, um ihren Freundinnen Handtaschen zu kaufen, oder dass vorm Valentinstag Blumenläden fast leer gekauft werden. Nach den Feiertagen steigen dann die Suchanfragen nach Diäten und Sportprogrammen, da wundert es mich nicht, dass ich kaum einen Platz am Laufband bekomme. Wir sind ja bekanntlich faul, was ich daran festmache, dass die Suche nach »Abnehmen ohne Sport« irgendwie immer steigt. Aber bald steht der nächste Sommer vor der Tür und die Suche nach Grillfleisch, Salatrezepten und Reisezielen läuft. Mit Google Trends lassen sich viele Erkenntnisse sichern, die man sowohl geschäftlich als auch privat nutzen kann. So habe ich zum Beispiel erfahren, dass vor den Toren Kölns wieder

Wölfe herumstreifen, ob sie es wohl auch auf die andere Rheinseite schaffen? Na, mal sehen.

Alles auf Angriff

»Kadett, wir müssen Guerilla-Maßnahmen einleiten!«

Guerilla ist normalerweise eine nicht ganz normale Kriegsführung mit untypischen Taktiken, die einen gewissen Überraschungseffekt auf den Gegner ausübt und ihn somit in die Knie zwingt. Wie können Sie diese Guerilla-Taktik nun auf Ihr Marketing anwenden und Ihre Kunden in die Knie zwingen und somit zum Kauf animieren? Ganz einfach: Seien Sie kreativ und verrückt.

Das Ziel der Guerilla-Marketing-Taktik ist es, im Kopf der potenziellen Kunden zu bleiben und durch Mundpropaganda, Social Media und andere Medien in kürzester Zeit auf sich aufmerksam zu machen. Also: Umso ausgefallener, desto besser und wirkungsvoller. (Bitte ziehen Sie sich jetzt nicht gleich nackt aus und laufen durch die Straßen.) Oftmals bewegen sich Großunternehmen hier mit ihren Werbemaßnahmen auf der nicht ganz legalen Seite und nehmen lieber kleine Bußgelder in Kauf, da der Werbeerfolg den Unternehmen mehr wert ist. Davon würde ich Ihnen aber gerne abraten. Sie haben wahrscheinlich nicht ganz so viel Schotter.

Im Internet finden sich Hunderte Beispiele für ausgefallenes Guerilla-Marketing für kleines und großes Geld. So hat beispielsweise die Schokoriegelmarke KitKat eine Bank aussehen lassen wie eine geöffnete Packung KitKat. Dabei sahen die Balken der Bank aus wie die Riegel der Schokoriegelmarke. Schlaue Idee, oder? (So langsam bekomme ich Lust auf was Süßes!)

Die Fitnessstudiokette Fitness First wiederum hat an einer Bushaltestelle die Sitzbank zu einer Waage umgewandelt. An einer Reklamewand wurde das Gewicht desjenigen, der gerade auf der Bank saß, groß angezeigt. Ziel war, die Leute zum Besuch des Fitnessstudios zu motivieren – sehr charmant.

Ich selber erinnere mich an einen Tag im Sommer. (Typische Herr-Thönnessen-Ge-schichte.) Ich wollte einen entspannten Tag in der Stadt verbringen, ein leckeres Eis essen, durch die Stadt schlendern und den freien Tag genießen. Plötzlich starteten 30 Leute im Zentrum eine Wasserbombenschlacht. Sie wirkten allesamt so, als wür-den sie sich nicht kennen. Dann gingen die Schützen auseinander, als ob nichts ge-wesen wäre. Bei den Zuschauern sorgten sie so für eine sichtliche Massenverwirrung. Abends habe ich dann zufällig bei Facebook ein Video von der Aktion gefunden. Die ganze Aktion war eine Guerilla-Marketing-Maßnahme, getarnt als plötzlicher Was-serbombenmassenbeschuss. Sehr suspekt, aber bis heute ist es in meinem Kopf ge-blieben. (Okay, ich bin ehrlich, wofür die Werbung war, das weiß ich nicht mehr.)

Um im Kopf ihrer Kunden zu bleiben beziehungsweise um neue Kunden zu gewin-nen, müssen Sie niemanden mit Wasserbomben bewerfen. Sie müssen sich ledig-lich trauen, verrückte Sachen in die Tat umzusetzen, und mit einem gewissen Grad an Kreativität entwickeln Sie Werbeideen, die anders sind. Welche kreativen Maß-nahmen können Sie sich vorstellen? Denken Sie einmal über klassische Möglichkei-ten hinaus. Das können wir wunderbar mit einer kleinen Mindmap lösen. Was das ist? Nun, eine Möglichkeit, seine Gedanken zu bestimmten Themen zu sortieren. Suchen Sie einmal mithilfe der Google-Bildersuche nach Guerilla-Maßnahmen, schreiben Sie eigene Ideen dazu und formen Sie so ein Bild der Möglichkeiten.

Mein Guerilla-Angriff:

Ist Ihnen etwas eingefallen? Wie gesagt, es besteht hier kein Ausfüllzwang.

Versuchen Sie einmal, sich, folgende Situation bildlich vorzustellen: Sie sind in Ihrem bevorzugten Supermarkt und wollen zur Fleischtheke. Welchen Weg gehen Sie, um möglichst schnell dorthin zu gelangen? Stellen Sie sich vor, dass Ihnen auf dem Weg dorthin jemand entgegenkommt. Ja, ich weiß, das klingt sehr suspekt, denn im Supermarkt gibt es nur eine Richtung, und die ist vorwärts in Richtung der Kassen. Versuchen Sie, sich möglichst detailliert die Farben, Klänge und Gerüche der einzelnen Abteilungen vorzustellen. Wie ist das Obst beleuchtet? Riechen Sie den frischen Duft der Backabteilung im Eingangsbereich? Wie warm ist es im Supermarkt? Sieht das Fleisch anders aus als zu Hause? Unfassbar ist, dass hinter allen diesen Antworten neurowissenschaftliche Erkenntnisse stehen.

Neuromarketing ist die Kombination aus wissenschaftlichen Erkenntnissen der Neurologie und der Psychologie für das Marketing. Es wird generell der Frage »Wieso kaufen wir, was wir kaufen?« auf den Grund gegangen. Das Ziel von Neuromarketing ist klar, denn die Unternehmen wollen durch den Einsatz von kleinen Marketingtricks den Kunden bewusst zum Kauf animieren und dafür sorgen, dass auch mal zwei oder drei Teile mehr im Einkaufswagen landen als ursprünglich geplant. Wir kennen das alle, wenn es nicht nur bei den Dingen, die auf der Einkaufsliste stehen, bleibt. (Willkommen in der Welt von IKEA.)

Natürlich wird Neuromarketing nicht nur im Supermarkt angewendet, sondern auf diversen Ebenen des Marketings. Egal ob im Fernsehen, auf der Straße oder im Internet: Auf allen Kanälen werden kleine Neuromarketingtricks angewendet, um Ihre Kaufentscheidung zu unterstützen – sehr nett. Die Marketingtricks wirken auf alle fünf Sinne (visuell – Auge, auditiv – Ohren, olfaktorisch – Nase, haptisch – Hände/Haut und gustatorisch – Zunge). Nett, dass ich Ihnen noch mal die Sinne erkläre, oder?

Bis zu 80 Prozent unserer Informationen liefert uns unser Sehsinn und somit sind die meisten Marketingtricks, denen wir täglich begegnen, visueller Natur. Einige gute Beispiele will ich Ihnen nahelegen, damit Sie ein Bewusstsein entwickeln, wie oft wir täglich solchen Marketingtricks begegnen. Vor einigen Jahren, bevor

Deutschland dem Biotrend verfiel, galten weiße Eier als besonders rein und sauber und wurden oftmals den braunen Eiern vorgezogen. Heutzutage werden braune Eier um einiges besser verkauft als die weiße Version. Grund dafür ist, dass, seitdem in Deutschland ein Biobewusstsein entstanden ist, sich viele Käufer für braune Eier entscheiden, weil diese natürlicher und mehr nach »bio« aussehen. Es ist im Übrigen piepegal, ob das Ei braun oder weiß ist, beide Eier könnten aus Freilandhaltung oder aus Käfighaltung stammen, denn der einzige Einfluss auf die Farbe des Eis kommt durch die genetische Bestimmung des Huhns. Welche Farbe ein Huhn legt, erkennt man am Ohrläppchen des Tieres.

Ein weiteres Beispiel ist die Automarke Mini. Der Name klingt jetzt nicht unbedingt männlich, auch das Aussehen des Autos unterstreicht die feminine Seite des Käufers mit seinen Kulleraugen-Scheinwerfern, dem kleinen Kühlergrill-Mündchen und seiner kompakten Form. Das weckt doch die Mutterinstinkte jeder Frau. Darum kaufen vor allem Frauen das Auto. An alle Mini-fahrenden Männer, die hier gerade mitlesen: Ich bin lange Zeit Mini gefahren und weiß, wie Sie sich nun fühlen.

Neben dem Sehsinn spielen die anderen Sinne natürlich ebenfalls eine Rolle, wenn Sie Ihre Marke mehrsinnig aufbauen wollen.

Wir spielen jetzt ein kleines Spiel. Versuchen Sie einmal, die Marken hinter folgenden Slogans herauszufinden

»Wie? Wo? Was? Weiß …«
Ihre Antwort: _____

»Vorsprung durch Technik.«
Ihre Antwort: _____

»Waschmaschinen leben länger mit ...«
Ihre Antwort: _____

»Nichts ist unmöglich.«
Ihre Antwort: _____

»Ich liebe es.«

Ihre Antwort: _____

»Guten Freunden gibt man ein Küsschen.«

Ihre Antwort: _____

»Wohnst du noch oder lebst du schon?«

Ihre Antwort: _____

»Mach dir Freude auf.«

Ihre Antwort: _____

»Leistung aus Leidenschaft.«

Ihre Antwort: _____

Wie viele sind Ihnen eingefallen? Ein paar bestimmt, oder? Slogans sind vor allem auditive Aushängeschilder eines Unternehmens und sorgen für sofortigen Wiedererkennungswert. (Besser: Sollen für sofortige Wiedererkennung sorgen.) Die Lösungen verrat ich nicht. (Böse!)

Welcher Slogan passt zu Ihrem Business?

Mein Slogan:

_____

_____

_____

_____

Drückt Ihr Slogan Ihr Markenversprechen aus? Macht Ihr Slogan Lust auf mehr? Oder hat Ihr Slogan vielleicht überhaupt keinen Nutzen? Dann brauchen Sie auch keinen. Das meine ich wirklich ernst. Nur weil die Metzgerei Müller mit einem sehr professionellen Slogan wirbt, müssen Sie das nicht nachmachen.

Aber nicht nur Slogans sind Maßnahmen im Neuromarketing für die auditive Ebene, sondern auch sehr viele Kleinigkeiten, die Ihnen zunächst gar nicht so bewusst sind. Dezente Hintergrundmusik im Supermarkt, ein besonderes Knuspergeräusch Ihrer Cornflakes oder der unverkennbare Sound beim Öffnen Ihrer Pringles-Chipsdose – alle diese Geräusche sind eigenständig konfiguriert. Mein absolutes Lieblingsbeispiel ist natürlich Nutella. Kennen Sie das typische Geräusch, wenn Sie ein Nutella-Glas öffnen? Mhm, lecker!

Sind Sie einmal durch die Straßen geschlendert und haben plötzlich den Geruch eines bestimmten Cafés, einer Pizzeria oder eines Süßwarenladens in die Nase bekommen? Bestimmt hatten Sie danach Lust auf einen Kaffee, eine Pizza oder etwas Süßes wie etwa gebrannte Mandeln oder ein Lebkuchenherz in der Weihnachtszeit. Ja, Neuromarketing greift auch hier ein, sogar wenn es nicht ums Essen geht. Die Stewardess beispielsweise hat ihr eigenes Parfüm, um die Verkäufe an Bord hochzuschrauben. Beim Kauf eines neuen Autos riecht es im Innenraum des Autos meistens gleich, unabhängig von der Automarke. (Na ja, also die Stewardessen einer Airline haben das gleiche Parfum, damit Sie sich immer heimisch fühlen, wenn Sie Ihren Tomatensaft bestellen.)

Die Haptik von Produkten kann sich ebenfalls auf das Kaufverhalten auswirken. Haben Sie beispielsweise einmal etwas gekauft, was im Karton oder online sehr hochwertig aussah und beim Auspacken die reinste Plastikparade war? Sehr enttäuschend! Um die Hochwertigkeit der Produkte zu unterstreichen, baute beispielsweise ein Premiumhersteller für Audiosysteme kleine Metallplatten in seine Fernbedienungen ein, um sein Produkt schwerer, massiver und hochwertiger erscheinen zu lassen. Ein anderer Hersteller von Computersoftware konzipiert den Tastenwiderstand seiner Tastaturen für einen besonderen Wiedererkennungswert beim Kunden.

Haben Sie einmal eine Kostprobe bekommen und waren sofort überzeugt von einem Produkt beziehungsweise in diesem Fall vom Geschmack des Produktes? Ich bin in einem kleinen Dorf aufgewachsen und bei uns gab es immer einen Wochenmarkt. Jeder Händler wollte natürlich die umherlaufenden Massen von seinem Produkt überzeugen. Und wie ging das am besten? (Na ja, Massen waren es nicht unbedingt.) Genau, mit einer kleinen Kostprobe. Egal, ob es die

Erdbeeren vom Erdbeerbauern waren, das Brot von einer bestimmten Bäckerei oder die verschiedenen Dips und Kräuterquarks vom griechischen Feinkostladen.

Wie Sie sehen, wirkt Neuromarketing in vielen Alltagssituationen, egal ob auf offener Straße, im örtlichen Supermarkt oder auch online beim Surfen. Sicherlich kann man reinen Gewissens einige dieser Marketingerkenntnisse in seine Verkaufsstrategie integrieren, man sollte aber niemals zu viele dieser Tricks benutzen, denn dann verschwimmt der eigentliche Wert Ihres Produktes. Überzeugen Sie in erster Linie mit Ihrem Produkt und unterstützen Sie den Wert Ihres Produktes mit einigen kleinen Maßnahmen.

Welche Sinne reizt Ihr Produkt oder das davorstehende Marketing? Können Sie »nur« visuell überzeugen oder macht es ebenfalls Sinn, mit Jingles, Düften oder einer bestimmten Haptik zu arbeiten? Das Ganze nennt man dann multisensuales Marketing oder auch Volldampf-auf-alle-Sinne-Marketing. (Das ist natürlich nicht der hochwissenschaftliche Begriff.) Tragen Sie Ihre Möglichkeiten in das Diagramm ein.

Meine Neuromarketing-Tricks:

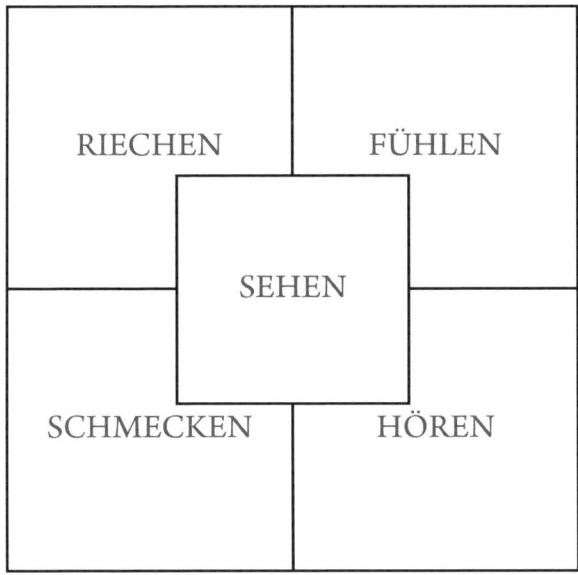

Denken Sie in Ruhe darüber nach, welche Möglichkeiten in Ihrem Bereich be-stehen. Multisensuales Marketing funktioniert auch bei Dienstleistungen sehr gut, selbst wenn Sie am Ende die Kunden nur mit Kaffee und Raumduft beeinflussen. Wenn Sie in Ihrem Onlineshop Schuhe verkaufen, ist natürlich der visuelle Reiz zunächst maßgeblich. Aber: Die Schuhe kommen hoffentlich irgendwann beim Kunden an und die Haptik des Kartons, der Geruch beim Öffnen oder auch das Geräusch beim Aufreißen der Verpackung sind solche Reize, die Sie nutzen kön-nen. (Die Schuhe essen die wenigsten.)

Alles tracken

Was gibt es nicht alles Verrücktes zu kaufen: singende Regenschirme, GPS-Sys-teme für den Schlüsselanhänger, buntes Popcorn ... Okay, ob es den singenden Regenschirm tatsächlich schon gibt, weiß ich nicht, aber die Idee ist sicherlich schon dem einen oder anderen Gründer durch den Kopf gegangen. Bei der Su-che nach einer geeigneten Geschäftsidee denken viele erst einmal, sie müssten etwas vollkommen Neues entstehen lassen. Aber trotz all der innovativen und kreativen Ideen müssen Sie das Rad nicht neu erfinden. Es ist viel entscheiden-der, einen Mehrwert zu erzeugen, um zu überzeugen. Menschen lieben den Fortschritt. Denken Sie doch nur einmal an die Schlangen vor den Apple Stores, wenn das neueste Modell auf den Markt kommt. Selbst wenn manche Model-le im Vergleich zu ihren Vorgängern nur wenige Verbesserungen haben, wollen wir sie trotzdem sofort besitzen. Wenn eine neue Technologie dann auch noch unseren Alltag erleichtert, wie zum Beispiel die Spülmaschine, sind wir mehr als glücklich.

Ein Beispiel für eine Erleichterung in gesundheitlicher und medizinischer Hin-sicht ist der MC10BioStamp. Der BioStamp ist ein pflasterähnlicher Aufkleber, der über die Haut Informationen wie Körpertemperatur, Puls, Blutdruck, Zu-ckerspiegel et cetera sammeln soll, damit diese später leicht und unkompliziert analysiert werden können. Solche Messgeräte sind in der Medizin natürlich nicht neu, die Form aber schon. Solch ein dünnes und flexibles Pflaster ist deutlich komfortabler als herkömmliche Messgeräte wie Thermometer et cetera. Die Daten, die der BioStamp dann über eine gewisse Zeit gesammelt hat, werden in einer Cloud gespeichert und können über Analytische-Tools so übersetzt werden, dass wir sie verstehen.

Mit dieser Entwicklung wurde zwar nicht etwas vollkommen Verrücktes geschaffen, doch sie ist innovativ genug, um Gesundheit und Technik weiterzuentwickeln, den Menschen das Leben zu erleichtern und einen Mehrwert zu schaffen.

Was ich für besonders wichtig halte, ist, die Neukunden, Besucher oder Leads auch richtig zu tracken. Also zu dokumentieren, woher diese überhaupt kommen. Nur wenn Sie das wissen, können Sie Ihre Maßnahmen optimieren.

Kommunikationscontrolling klingt fürchterlich, ist aber unerlässlich. Gerade wenn Ihr Budget klein ist, sollten Sie wissen, wohin das Geld fließt, oder? Nein, eigentlich stimmt das nicht, Sie wollen wissen, welcher dieser Flüsse am Ende ein goldenes Floß mit Kunden bringt, wenn Sie genug Wasser reinkippen. (Königssymbol in diesem Buch.) Dafür würde ich mir zu Beginn eine ganz simple Liste anlegen.

Datum	Name	Medium	Werbeform	Produkt	Umsatz
16. September	Felix Thönnessen	E-Mail	Google AdWords	Nutella	25 Euro

Natürlich können Sie noch eine ganze Menge weiterer Felder erfassen, aber so haben Sie einen Überblick, wie die Kunden mit Ihnen kommunizieren, welche Werbung wirkt und welchen Umsatz Sie mit den jeweiligen Kunden erzielen. Wenn es nur bei einem losen Kontakt bleibt, tragen Sie natürlich keinen Umsatz ein, sondern fahren zum Kunden und zwingen ihn, irgendetwas zu kaufen. Am Ende der Woche, des Monats oder des Jahres fassen Sie dann die entsprechenden Werbeformen zusammen:

Mein Kommunikationscontrolling:

Werbeform	Umsatz/Zeiteinheit	Kosten/Zeiteinheit
Google AdWords	25 Euro	
	30 Euro	
	40 Euro	
Summe	*95 Euro*	*40 Euro*
Flyer	30 Euro	
	45 Euro	
	50 Euro	
Summe	*125 Euro*	*250 Euro*

So haben Sie eine wunderbare Gegenüberstellung der Einnahmen, die durch eine bestimmte Werbeform generiert wurden, und können diese mit den entsprechenden Kosten verrechnen und finden so heraus, was wirkt und was nicht. Mir ist bewusst, dass diese Darstellung sehr rudimentär ist, aber mir geht es um das Gefühl in diesem Bereich. Sie sollten ganz genau wissen, wie viel Geld Sie für einen Kunden ausgeben und welchen Umsatz dieser letztendlich liefert. Natürlich ist das nun rein ökonomisch betrachtet. Sie steigern vielleicht zunächst Ihre Bekanntheit, wenn Sie Flyer verteilen, und generieren nicht direkt Umsatz. Hier gibt es sicher Abweichungen.

Auch dieses Kapitel will ich gerne mit einer kleinen Checkliste beenden. Hat ja schon fast Tradition.

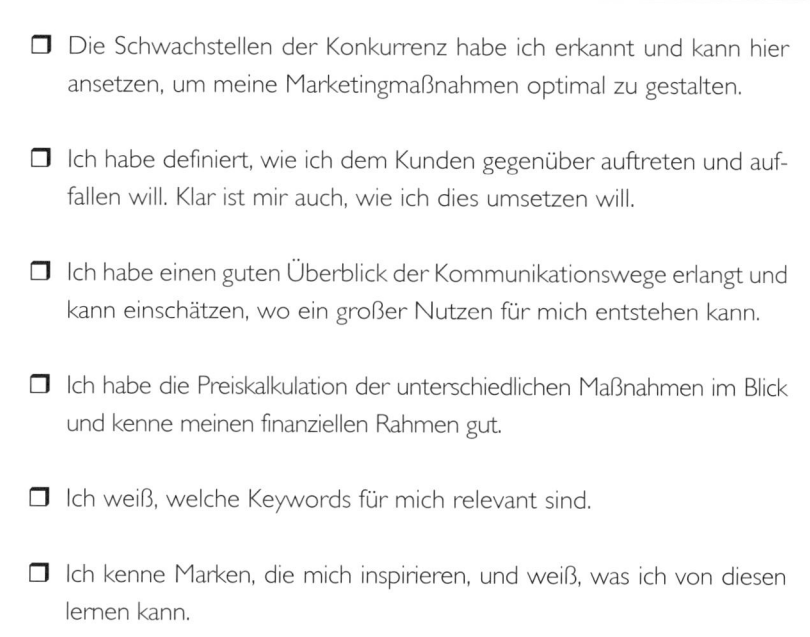

❒ Die Schwachstellen der Konkurrenz habe ich erkannt und kann hier ansetzen, um meine Marketingmaßnahmen optimal zu gestalten.

❒ Ich habe definiert, wie ich dem Kunden gegenüber auftreten und auffallen will. Klar ist mir auch, wie ich dies umsetzen will.

❒ Ich habe einen guten Überblick der Kommunikationswege erlangt und kann einschätzen, wo ein großer Nutzen für mich entstehen kann.

❒ Ich habe die Preiskalkulation der unterschiedlichen Maßnahmen im Blick und kenne meinen finanziellen Rahmen gut.

❒ Ich weiß, welche Keywords für mich relevant sind.

❒ Ich kenne Marken, die mich inspirieren, und weiß, was ich von diesen lernen kann.

STUFE 7

*»Eine gute Idee fängt mit einem Feuer
an und nicht mit einer Finanzkalkulation.«*

Stufe 7:
Graf Zahl auf der Suche nach Rendite

Wir sind bei der letzten Stufe, mein Freund. Sie sind schon weit gekommen. Jetzt widmen wir uns dem Thema, vor dem es den meisten von Ihnen graut.

Bevor wir mit der eigentlichen Kalkulation anfangen, müssen wir wissen, wie viel Geld beziehungsweise Kapital Sie persönlich brauchen. (Sie haben hier jetzt leider keinen Wunsch frei.) Es geht zunächst darum, dass Sie nicht baden gehen. Also auf in die Kalkulation. Wir müssen oder sollten als Erstes Ihren Unternehmerlohn berechnen. Was das ist? Nun, einfach das, was Sie persönlich pro Monat zum Leben brauchen. Dazu habe ich eine kleine Tabelle zum Eintragen gebastelt.

Mein Unternehmerlohn:

Unternehmerlohn	
Miete	
Nebenkosten	
Telefon/Internet	
Einkauf von Lebensmitteln	
Freizeitausgaben	
Einkauf von Kleidung	
Auto	
Krankenversicherung	
Autoversicherung	
Weitere Versicherungen	
Kredit	
Summe	

Auch hier gibt es wieder ein paar Felder, in die Sie Ihre eigenen Punkte eintragen können. Zum Beispiel Fitnessstudio, Make-up oder andere überlebenswichtige Dinge. So wissen Sie im ersten Schritt, wie viel Kapital Sie benötigen. Ihr GoG-Sein soll schließlich dazu führen, dass diese Ausgaben zu Beginn gedeckt sind. Wenn dann der dicke Wagen und die Jacht kommen, können Sie die Ausgaben immer noch nach oben treiben. Geklappt? Prima.

Was kostet das alles?

Ein weiterer Bestandteil der Finanzkalkulation ist die Investitionsliste. Einfach erklärt: eine Liste, die die notwendigen Investitionen Ihres Start-ups zusammenfasst. Damit sind keine laufenden Kosten wie Miete oder Versicherungen gemeint. Wenn Sie die Weltherrschaft an sich reißen wollen, müssen Sie vielleicht zu Beginn Fahnen, ein paar Bestechungsgeschenke oder zumindest eine coole Uniform kaufen.

Um das besser zu planen, finde ich es am einfachsten, folgende Gruppen zu unterscheiden, in die dann die jeweiligen Investitionsgüter einsortiert werden:

1. Kosten der Gründung
2. Sachinvestitionen
3. Erstanschaffung von Waren

Natürlich kriegen Sie noch Beispiele. (Auch wenn ich das in Stufe 7 eigentlich eher von Ihnen erwarte.) Der Notar gehört etwa in die Gründungskosten, die Einrichtung in die Sachinvestitionen und die Erstanschaffung von Waren ist, glaube ich, selbsterklärend. Da wir es praktisch mögen, habe ich Ihnen eine Vorlage gebastelt, die Sie hier jetzt auch gerne ausfüllen dürfen.

Meine Gründungskosten:

Gründungskosten	Netto	Umsatzsteuer	Brutto
Anwalt			
Notar			
Unternehmensberater			
Immobilienmakler			
Weitere Dienstleister			
Marken- oder Patentanmeldung			
Gewerbeanmeldung			
Sachinvestitionen			
Fahrzeuge			
Maschinen			
Büroeinrichtung			
IT-Ausstattung			
Marketing und Werbung			
Produktentwicklung			
Immobilie			
Renovierungskosten			
Erstanschaffung von Ware			
Fertigprodukte			
Rohstoffe			
Summe			

Ich habe Ihnen ein paar Zeilen offengelassen. Sie brauchen noch mehr? Dann einfach Dinge zusammenaddieren oder Punkte von mir streichen. Es geht darum zu erfassen, was zu Beginn an Investitionen ansteht, eben weil das schnell unterschätzt wird.

Wenn Sie mit den Investitionen fertig sind, ist der nächste Schritt der, die Kosten zusammenzutragen, die monatlich anfallen, um hier einen entsprechenden Überblick zu bekommen. Das wissen Sie noch nicht? Dann schreiben Sie zumindest die auf, die voraussichtlich anfallen werden. Hier unterscheide ich zwei Kostengruppen:

1. Laufende Kosten
2. Produktspezifische Kosten

Die laufenden Kosten sind etwa Miete und Versicherungen. Wohingegen die produktspezifischen Kosten sich nach der Anzahl der hergestellten Produkte beziehungsweise dann nach den Verkaufszahlen richtet.

Klar, auch hier habe ich Ihnen eine entsprechende Liste erstellt. Zunächst die für Ihre laufenden Kosten. Warum nur die? Weil wir die anderen gleich besser an einer anderen Stelle erfassen. (Nicht so gierig!)

Meine laufenden Kosten:

Laufende Kosten	Netto	Umsatzsteuer	Brutto
Miete			
Betriebskosten			
Strom			
Heizung			
Fahrzeuge			
Reisekosten			
Löhne für Mitarbeiter			
Lohnnebenkosten			
Unternehmerlohn			
Büromaterialien			
Telefon und Internet			
Versicherungen			
Steuerberater			
Unternehmensberater			
Marketing und Werbung			
Zinsen und Tilgung			
Summe			

Jetzt wissen Sie, welche Investitionen zu Beginn getätigt werden müssen und welche Kosten monatlich anfallen. Das kann auch gut dazu dienen, das eigene Geschäftsmodell noch mal zu evaluieren, da Sie jetzt genau wissen, welcher Kapitalaufwand notwendig ist. Mir ist klar, dass sich auch die obige Tabelle von Monat zu Monat ändert, es geht hier lediglich um einen ersten Start und vor allem eine Einschätzung.

Was springt dabei raus?

Wenn wir die Ausgaben zusammenhaben, brauchen wir als Nächstes eine Übersicht über die Einnahmen. Hier können wir verschiedene Verfahren heranziehen. Ich bin mal so frei und stelle Ihnen ein paar vor. Suchen Sie sich den Fall, der für Sie am besten passt. Nun, welche Verfahren gibt es, um den Umsatz darzustellen? Wir gehen mal von einer monatlichen Kalkulation aus:

Variante 1: Umsatz, basierend auf dem Tagesumsatz
Variante 2: Umsatz anhand der verkauften Produkte
Variante 3: Umsatz anhand des durchschnittlichen Warenkorbs beziehungsweise der Kundenzahl
Variante 4: Freie Umsatzkalkulation

Kurz erklärt:
Beim ersten Fall gehen Sie von einem Tagesumsatz aus und multiplizieren diesen mit der Anzahl Ihrer Arbeitstage. Wenn Sie als Berater etwa pro Tag 1.200 Euro verdienen wollen und 22 Arbeitstage arbeiten, macht das 26.400 Euro. Aber: Das funktioniert nur, wenn Sie jeden Tag auch verkaufen und nicht im Bett liegen oder andere Dinge tun.

Variante 2 basiert auf den Produkten, die Sie anbieten. Sie überlegen also, wie viele Sie davon in einem Monat verkaufen können. Sie haben einen Laden in der Innenstadt und bieten drei verschiedene Brotsorten zu unterschiedlichen Preisen an, dann überlegen Sie, welches Brot sich wie oft verkaufen lässt, und multiplizieren die Anzahl mit dem jeweiligen Preis.

Variante 3 geht von einem durchschnittlichen Warenkorb aus, der natürlich in Bezug zu Ihrer Kundenanzahl steht. Das funktioniert ebenfalls mit unserem Brotgeschäft. Gehen wir davon aus, dass 500 Kunden pro Monat in den Laden kommen und durchschnittlich 4,50 Euro ausgeben, können wir auch hier den Umsatz berechnen. Auch bei einer App funktioniert das. Wenn Sie wissen, wie viele Kunden/User Sie haben, können Sie auch die Einnahmen durch Werbung oder In-App-Käufe bestimmen. (Zumindest theoretisch.)

Als Letztes gibt es noch weitere Methoden, die oft sehr individuell sind. Ich habe die Variante 4 aufgenommen, weil es darum geht, die Methode zu finden, die am logischsten erscheint beziehungsweise auch die, die Sie dem Banker oder Investor am besten vorrechnen können. Das muss also nicht eine der ersten drei sein, sondern eventuell müssen Sie für Ihr Geschäftsmodell eine eigene entwickeln.

Wie das Ganze dann aussieht? Das zeige ich Ihnen gerne.

Meine Umsatzkalkulation:

Umsatzkalkulation			
Variante 1	**Netto**		
Tagesumsatz	1.200,00 €		
Anzahl der Arbeitstage, z. B. 22 Tage	22		
Monatsumsatz	26.400,00 €		
Variante 2			
Anzahl verkaufter Produkte – Produkt 1	150		
Verkaufspreis – Produkt 1	3,00 €		
Umsatz – Produkt 1	450,00 €		
Anzahl verkaufter Produkte – Produkt 2	230		
Verkaufspreis – Produkt 2	4,00 €		
Umsatz – Produkt 2	920,00 €		
Anzahl verkaufter Produkte – Produkt 3	145		
Verkaufspreis – Produkt 3	3,00 €		
Umsatz – Produkt 3	435,00 €		
Monatsumsatz	1.805,00 €		
Variante 3			
Kundenanzahl	250		
Durchschnittlicher Warenkorb	45,00 €		
Monatsumsatz	11.250,00 €		

Natürlich ist das nur eine rudimentäre Betrachtung. Aber wir wollen ja voran-kommen. Ich habe bewusst zwei Spalten frei gelassen. Welche der Methoden ist in Ihrem Fall passend? Nutzen Sie den Platz und spielen Sie ein bisschen mit den Zahlen.

Legen Sie so schnell wie möglich oder idealerweise vor Beginn Ihrer Selbstständig-keit eine finanzielle Rücklage an, um in Notsituationen auf eine Ressource zurück-greifen zu können. Wichtig ist, sich deren Bedeutung und Notwendigkeit einzuge-stehen und keinen falschen Vorwand zu nutzen, um von diesem Depot zu zehren.

Nachdem Sie den Umsatz kennen, können Sie endlich die produktspezifischen Kosten erfassen. Also solche, die direkt einem Produkt zuzuordnen sind. Ich ma-che das mal am Beispiel unserer Variante 2.

Meine produktspezifischen Kosten:

Produktspezifische Kosten			
Anzahl verkaufter Produkte – Produkt 1	150		
Herstellungskosten/Einkaufskosten – Produkt 1	2,00 €		
Kosten – Produkt 1	300,00 €		
Anzahl verkaufter Produkte – Produkt 2	230		
Herstellungskosten/Einkaufskosten – Produkt 2	2,50 €		
Kosten – Produkt 2	575,00 €		
Anzahl verkaufter Produkte – Produkt 3	145		
Herstellungskosten/Einkaufskosten – Produkt 3	1,50 €		
Kosten – Produkt 3	214,50 €		
Gesamtkosten	1.089,50 €		

Sie übernehmen also die entsprechenden Mengenangaben. (Ist ja auch logisch.) Bei 1.805 Euro Umsatz und 1.089,50 Euro Kosten ergibt sich somit ein Gewinn von 715,50 Euro. Aber: Das ist lediglich der Gewinn aus dem Verkauf der Pro-dukte, von dem natürlich noch alle anderen Kosten (laufende Kosten) gedeckt werden müssen. Dennoch finde ich auch das sehr hilfreich, da Sie so einen sehr guten Überblick darüber bekommen, wie viele Produkte Sie überhaupt verkaufen müssen, um diese Kosten zu decken. (Herr Thönnessen findet wieder mal alles hilfreich.) Sie werden bei der Erstellung einer komplexen Finanzkalkulation merken, dass Sie Ihren Umsatz oft auch den entstehenden Kosten anpassen müssen. Das wäre dann die Variante 5: Umsatzkalkulation basierend auf den Kosten.

Und wer bezahlt das?

Nun haben wir eine Menge an Informationen beziehungsweise Zahlen zusammengetragen. Eine entscheidende Frage ist natürlich, wie das ganze Vorhaben finanziert werden soll. Dabei haben Sie folgende Möglichkeiten:

1. Kein Kapital notwendig
2. Ich habe genug eigenes Geld
3. Eine Bank ausrauben
4. Eine reiche Tante gibt mir Geld
5. Fremdkapital

Entschuldigen Sie, wenn ich das Thema etwas humorvoll betrachte, aber es bringt nichts, den Kopf in den Sand zu stecken. Um die richtige Methode auszuwählen, ist es natürlich unerlässlich, die genaue Finanzierungssumme zu kennen. Diese ist nicht gleichzusetzen mit der Investitionssumme aus unserer Tabelle. Warum nicht? Weil Sie mehr Kapital brauchen als eben solches für Investitionen. Auch hier klassifiziere ich drei Gruppen, die als Grundlage der Berechnung des Kapitalbedarfs dienen:

1. Investitionen (die Liste haben wir)
2. Betriebsmittelvorschuss
3. Sicherheitsrücklage

Nummer 1 haben wir bereits erfasst. Auch Nummer 2 ist schnell erklärt. Zu Beginn werden Ihre Umsätze wahrscheinlich nicht reichen, um die laufenden Kosten zu decken. Dafür brauchen Sie also eine Art Puffer, von dem Sie zehren können. (Ein bisschen wie der Bär und der Winterschlaf.) Das können schnell ein paar Monate oder Jahre sein. Wenn Ihr Umsatz zu Beginn nur langsam wächst und Ihre Kosten Sie scheinbar auffressen, ist genau dieser Speckgürtel notwendig. Als Letztes empfehle ich Ihnen eine Sicherheitsrücklage. Bei aller Planung werden immer wieder Dinge eintreten, die Sie noch nicht vorhersehen können, deshalb sollten Sie auch hier vorbereitet sein. Ich versuche, das einmal darzustellen.

Meine Gewinnkalkulation:

Gewinnkalkulation	Januar	Februar	März	April
Umsatz	600,00 €	1.500,00 €	2.500,00 €	4.000,00 €
Produktspezifische Kosten	200,00 €	500,00 €	700,00 €	1.200,00 €
Laufende Kosten	2.500,00 €	2.500,00 €	2.500,00 €	2.500,00 €
Gewinn	−2.100,00 €	−1.500,00 €	−700,00 €	300,00 €
Kumuliert	−2.100,00 €	−3.600,00 €	−4.300,00 €	−4.000,00 €

Wie Sie sehen, schreibt dieses exemplarische Start-up die ersten drei Monate Verluste und genau diese Verluste müssen vorfinanziert werden. In unserem Fall sind das also 4.300 Euro. Genau daran kranken viele Start-ups: stark gestartet und leider zu spät gemerkt, dass die Anlaufphase eben ein wenig länger dauert. (Darum heißt das auch Anlaufphase – wie beim Hochsprung.)

Nummer 3 nenne ich die Sicherheitsrücklage – quasi den Notgroschen, den Sie unterm Bett verstecken. Es werden immer wieder Dinge passieren, die nicht vorhersehbar sind und die Sie dann nicht aus der Bahn werfen dürfen. Ich werde immer wieder gefragt, wie groß die Rücklage sein soll. Eine pauschale Antwort gibt es nicht. In manchen Kalkulationen wird das prozentual zu den Investitionen berechnet. Ich mag eine andere Variante mehr: Schauen Sie sich Ihre monatlichen

Kosten an und gehen Sie etwa von drei Monaten aus, in denen Sie unerwarteterweise keine Umsätze machen. Nehmen Sie das als Sicherheitsrücklage.

Wenn Sie jetzt die drei Blöcke addieren, ergibt sich der Kapitalbedarf, den Sie für Ihr Start-up benötigen.

Mein Kapitalbedarf:

Kapitalbedarf		
Investitionen	24.500,00 €	
Betriebsmittelvorschuss	4.300,00 €	
Sicherheitsrücklage	7.500,00 €	
Summe	36.300,00 €	

Sie sehen, die Summe kann wesentlich höher sein als die Investitionskosten. Verwechseln Sie diese beiden also nie. Versprochen?

Aber eigentlich wollten wir uns damit beschäftigen, wie wir die Summe (in unserem Fall also 36.300 Euro) finanzieren.

Wie können Sie also Ihr kleines Pflänzchen mit Wasser begießen? Eventuell haben Sie ja diese reiche Tante. Das wäre toll. Die meisten von Ihnen werden das wahrscheinlich nicht haben, und dann kommen automatisch andere Möglichkeiten infrage. Ich habe Ihnen anhand einer einfachen Grafik die Möglichkeiten der Finanzierung dargestellt.

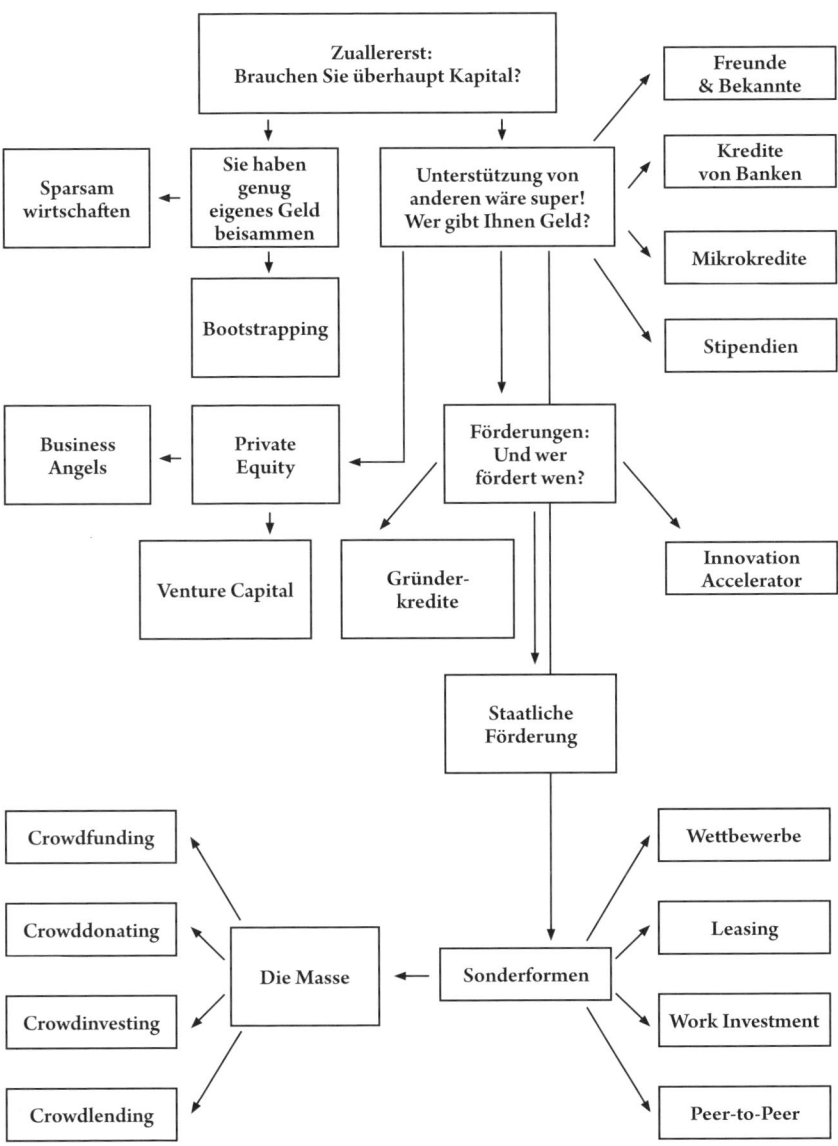

Finanzierungsmöglichkeiten

Sie merken, ich bin ein Freund von Baumdiagrammen, in denen man sich von Ast zu Ast hangelt. Das fand ich auch in der Schule immer toll – also in Mathe, nicht auf dem Schulhof.

Jeder der potenziellen Geldgeber wird unterschiedliche Ansprüche an Sie und Ihr Vorhaben stellen. Wenn Sie auf fremdes Kapital zurückgreifen, möchte der Geldgeber natürlich auch eine Gegenleistung. (Umsonst gibt es leider nichts.) Was können Sie bieten?

Ein einfaches Kriterium bei der Beantwortung dieser Frage ist, ob Sie Zinsen oder Anteile bieten. Ja, es gibt auch Mischformen, bei denen beides abgegeben beziehungsweise gezahlt wird. Aber Sie stehen zunächst vor der Frage, ob Sie (sofern Ihre Rechtsform das zulässt) Anteile abgeben oder vielleicht den klassischen Bankenweg gehen und Zinsen zahlen. Beides hat natürlich Vor- und Nachteile. Oft stehen private Kapitalgeber gar nicht zur Verfügung oder Banken signalisieren sofort, dass es für Sie nichts gibt. Welche Vorteile sehen Sie bei diesen beiden generellen Finanzierungsformen?

Meine Vor- und Nachteile bei der Finanzierung:

Vorteile bei einer Bankenfinanzierung	Vorteile bei einer Investorenfinanzierung

Wenn Sie den Weg über private Investoren gehen, dann stellt sich schnell die Frage, wie Sie das eigene Unternehmen bewerten. Das ist eine Frage mit 100 Variablen. (Wahrscheinlich sogar eher 1.000.) Es gibt ein tolles Zitat, das ich Ihnen da gerne mit auf den Weg geben will:

»It is all about the jockey and not the pony.«

Suchen Sie zu Beginn Partner, die Sie nicht nur finanziell unterstützen können, sondern auch ein Netzwerk mitbringen, in dem Sie integriert werden und wachsen können.

Ich glaube, dieser Spruch kommt ursprünglich aus dem Reitsport (verwegene These). Es geht darum, dass Investoren oftmals zuerst den Blick auf den GoG richten und sich erst dann mit dem Produkt oder der Idee beschäftigen. Warum? Weil ein guter Jockey auch ein lahmes Pferd ins Ziel bringt. Vielleicht nicht zum Sieg, aber zumindest kommen die beiden an. (Herr Thönnessen, arbeiten Sie bitte an Ihren Symbolen!)

Wenn ich als Investor in Start-ups investiere, stelle ich mir eine Menge Fragen. Ich finde die Sichtweise eines Investors (nicht, dass ich hier ein Großinvestor wäre) sehr hilfreich und zeige Ihnen an dieser Stelle gerne die relevanten Fragen, wenn ich den Wert eines Start-ups bewerten will:

- ❑ In welchem Entwicklungsstatus befindet sich Ihr Produkt?
- ❑ Wie viele Gründer hat das Team?
- ❑ Welche Kenntnisse vereinen die Gründer?
- ❑ Hat das Team Gründungserfahrung?
- ❑ Hat das Team relevante Berufserfahrung?
- ❑ Wie viel Zeit haben Sie bereits in das Unternehmen investiert?
- ❑ Wie hoch ist die Expertise der Mitarbeiter?
- ❑ Welchen Innovationsgrad weist das Produkt auf?
- ❑ An wen richtet sich das Produkt?
- ❑ Wie hoch ist das Wachstum innerhalb der Branche pro Jahr?
- ❑ Welchen Nutzen erfüllt das Produkt?
- ❑ Wie groß ist die Zielgruppe?
- ❑ Wie hoch ist die Zahlungskraft innerhalb der Zielgruppe?
- ❑ Existieren bereits Beziehungen zu Kunden?
- ❑ Wie hoch ist der Aufwand, das Produkt zu vertreiben?
- ❑ Wie hoch war der Umsatz in den letzten zwölf Monaten?
- ❑ Wie hoch wird der Umsatz in den nächsten zwölf Monaten sein?
- ❑ Wie hoch wird der Umsatz in fünf Jahren sein?
- ❑ Wie hoch ist die Gewinnmarge?

- ❏ Wie viel Eigenkapital wurde bereits in das Unternehmen investiert?
- ❏ Wie viel Fremdkapital wurde bereits in das Unternehmen investiert?
- ❏ Gibt es bereits eine funktionierende Lieferkette?
- ❏ Sind Sie im Besitz von relevantem geistigen Eigentum?
- ❏ Wie ausgereift ist der Businessplan?
- ❏ Mit wem konkurriert das Produkt im Markt?
- ❏ Wie hoch ist das erforderliche Wachstumskapital?
- ❏ Vergleichbare Unternehmen haben in vergangenen Finanzierungsrunden welche Summen erhalten?

Klar, das sind viele Fragen, aber glauben Sie mir: Wenn Sie einen Investor für Ihr Vorhaben gewinnen wollen, dann wird Ihnen dieser sicher noch viel mehr Fragen stellen. Ich weiß, dass Sie auf viele Fragen in der allerersten Gründungsphase keine Antwort geben können, aber so haben Sie zumindest für eine spätere Phase eine Übersicht, was Sie erwartet.

Mir ist bewusst, dass jeder meiner Leser und Leserinnen anders mit dem Thema Finanzierung umgehen will. Wo der eine nur mit seinem Portemonnaie auskommt, braucht der andere vier große Finanzierungsrunden. Da es gerade sehr gut passt, möchte ich zu diesen Finanzierungsrunden noch etwas loswerden. Stellen Sie sich das Ganze wie bei einem Marathonlauf vor. Zwischenzeitlich brauchen Sie immer mal was zu trinken oder essen, sofern Sie ins Ziel kommen wollen. Selbst wenn Sie die leckersten Dinge am Straßenrand erwarten, bedeutet das noch lange nicht, dass Sie auch ankommen. Dazu gehört mehr. Genau, Ihr Wille, eine gute Idee und viel Fleiß. Je schneller Sie unterwegs sind, desto höher ist die Chance, dass Sie auf dem Weg neue Energie tanken müssen. Dabei geht es darum, dass die Energie auch zu Ihnen passt. Was das bedeutet? Um es auf die Start-up-Welt zu übertragen: Bekommen Sie nur Geld oder Geld *und* Support? Das nennt man dann Smart Money und Dumb Money. Zu Deutsch: schlaues Geld oder nur ein Sack voller Taler. Investoren bieten oft mehr als reines Kapital, sondern stellen ein Netzwerk und Erfahrungen zur Verfügung. Warum das Ganze in Runden abläuft? Stellen Sie sich einfach vor, Sie wollen auf dem Weg zum Ziel dreimal anhalten. Beim ersten Mal brauchen Sie vielleicht nur einen kleinen Snack, da Sie noch recht fit sind, beim nächsten Mal nehmen Sie schon einen größeren Schluck und kurz vor dem Ende werden Sie richtig gierig.

So ist das auch mit den Finanzierungsrunden. Sie sammeln vielleicht zu Beginn nur einen kleinen Teil ein, um ins Laufen zu kommen, und steigern sich von Zwischenstopp zu Zwischenstopp. Ich versuche mal, das Ganze in einer kleinen Grafik darzustellen:

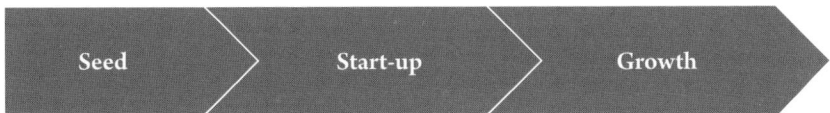

Die Investitionsphasen

Willkommen in der Welt, in der nichts mehr deutsche Namen hat. Da sind wir leider selber schuld, weil wir viel zu spät mit dem Thema Start-up in Deutschland begonnen haben. (Ätsch!) Eine kleine Erklärung gibt es natürlich auch noch. In der Seed-Phase (Vorgründungsphase) gibt es das Unternehmen noch nicht. Hier wird vor allem konzeptionell entwickelt oder der Businessplan geschrieben. Trotzdem sind erste kleine Investitionen notwendig. (Quasi ein Zwischenstopp gleich zu Beginn oder von mir aus nach 100 Metern.) Am Ende der Phase wird es dann konkret, die eigentliche Idee wird spezifiziert, dann wird richtig losgelegt. In dieser Phase Investoren zu finden, ist fast unmöglich. Es gibt noch kein fertiges Produkt und Umsatzzahlen sowie noch nicht.

Als Nächstes folgt die Start-up-Phase. Jetzt geht es richtig los, das Unternehmen wird gegründet und das Produkt auf den Markt gebracht. (Sie sind also jetzt mitten im Rennen.) In der Growth-Phase (Wachstumsphase) stellt sich hoffentlich das Wachstum ein, wenn Ihre Idee gut ist und Sie Fahrt aufgenommen haben.

Das ist natürlich nur ein kleiner Abriss der wunderbaren Investorenfinanzierung. Dennoch hilft sie zu erkennen, welche Phasen für Sie eine Rolle spielen und wo die Reise hingehen soll.

Ich hoffe, Sie wissen noch, dass die Investorenfinanzierung nur *eine* Möglichkeit ist, an Geld zu kommen. Wenn Sie sich das Diagramm anschauen, erkennen Sie auch ohne mich, dass etwa Banken bei der Gründungsfinanzierung eine Rolle spielen. Leider ist das Thema Start-up-Finanzierung in Deutschland immer noch

nicht wirklich angekommen. Oft müssen Sie Banken überzeugen mit Voraussetzungen, die niemand vollständig mitbringen kann. Ein paar davon habe ich Ihnen
in eine kleine Liste gepackt. Je mehr Sie davon mitbringen, desto höher ist erfah-
rungsgemäß die Chance auf einen Kredit.

- Eine saubere SCHUFA-Auskunft (Bekommen Sie unter www.meine-schufa.de)
- Ein sehr guter Businessplan (Nehmen Sie meine Fragen als Hilfestellung)
- Eine in sich schlüssige Finanzkalkulation (Der Kern aller Überzeugung)
- Ein Werdegang, der zum Produkt und zur Branche passt.
- Eine abgeschlossene Ausbildung oder ein Studium
- Ein Produkt auf einem wachsenden Markt oder eine Strategie zur Markt-
  durchdringung
- Ausreichend Eigenkapital oder Absicherungen (Partner, Bürgen, Versicherun-
  gen et cetera)
- Ein perfektes Auftreten
- Eine gelungene Präsentation (Damit meine ich wirklich eine Präsentation!)
- Ahnung von Förder- und Kreditprogrammen (Damit Ihnen niemand etwas
  vormacht)
- Ein guter Kontakt zur Bank
- Alle erforderlichen Unterlagen beisammen (Lebenslauf, SCHUFA-Auskunft
  et cetera)

Natürlich müssen Sie nicht zwangsläufig alles mitbringen. Genauso wenig bedeutet das Erfüllen aller Punkte, dass Sie einen Kredit bekommen. Das eine oder andere können Sie noch erarbeiten, bevor Sie zur Bank gehen. Also lassen Sie sich
hier nicht entmutigen.

Ich könnte Ihnen für den Bereich Finanzen noch viel mehr Tipps geben, aber der
Platz ist leider beschränkt. Allerdings war das schon unsere letzte Stufe! Insgesamt haben wir über 100 kleine Aufgaben gemeinsam bewältigt. Ich hoffe sehr,
dass diese Ihnen helfen, Ihren Schritt in die wunderbare Welt der Start-ups besser zu planen. Warum Investoren überhaupt investieren? Weil sie entweder auf
hohe Gewinne abzielen oder auf einen Exit. Also ein Ende Ihres Start-ups. Klingt

traurig? Vielleicht ist es das. Aber dann werden Sie eben zum Serial Entrepreneur und gründen ein weiteres Mal. Jetzt wissen Sie ja, wie es geht.

☐ Für mich zutreffende Fördermittelansprüche habe ich erkannt.

☐ Ich habe mir einen Überblick über die Finanzierungsmöglichkeiten verschafft und, falls nötig, eine für mich passende Variante gewählt.

☐ Es existiert eine aktuelle Kostenaufstellung für mich als Person und als Unternehmer.

☐ Für die nächsten drei Jahre habe ich eine detaillierte Jahresplanung aufgestellt und ein befriedigendes Ergebnis erhalten.

☐ Ich bin der Fachmann meiner eigenen Kennzahlen.

☐ Ich weiß, wie ich Banken und Investoren überzeugen kann.

☐ Ich bin mir darüber bewusst, an welcher Stelle im Unternehmen ich Kosten sparen kann, und arbeite stetig daran, auch hier Erfolge zu verzeichnen.

»Auf Wiedersehen«

Ich finde es immer schade, mich zu verabschieden. Besonders weil ich selber das Gefühl habe, dass mir diese Abschiedsworte zwar gefallen, ich aber keinen Mehrwert daraus ziehen kann. Das würde ich gerne ändern und gebe Ihnen hier ein paar Thesen mit auf den Weg, die sicher ein wenig provokant sind, aber Polarisieren macht Spaß.

Schön, dass wir zusammen den Weg gegangen sind. Ich freue mich auf Feedback, Kritik oder Ihre Ideen.

Ihr Felix Thönnessen – www.coach-felix.de.

These 1: Ganz spontan oder prägend – die Idee
Viele Wege führen nach Rom und zur richtigen Geschäftsidee. Wer anstrebt, GoG zu werden, der kann sich an allerhand Kreativtechniken bedienen. Die richtige Idee kann an jeder Ecke oder in Lücken gefunden werden.

These 2: Lieben Sie es, Probleme zu erschaffen.
Es gibt für fast jedes Bedürfnis und Problem auf dieser Welt ein Produkt, das es löst. In einem solchen Markt zu bestehen, ist entsprechend schwer. Machen Sie sich lieber auf und erschaffen Sie neue Probleme und Bedürfnisse. Menschen bleiben stets in ihrer Komfortzone. Locken Sie sie heraus und Sie werden merken, welche Probleme noch gelöst werden können.

These 3: Vergessen Sie Trends.

Trends kommen und gehen. Meistens ist es schon zu spät, ehe Sie sich auf den Weg gemacht haben. Kennen Sie noch Bubble Tea? Genauso schnell, wie das Modegetränk aufkam, war es auch schon wieder verschwunden. Laufen Sie deswegen Trends nicht hinterher. Schaffen Sie lieber selbst neue Trends. Das ist zwar nicht ganz so einfach, birgt dafür aber erhebliches Potenzial!

These 4: Lassen Sie die Finger vom Branding und achten Sie auf das Produkt.

Sie müssen schon eine extrem helle Leuchte sein und jede Menge Glück haben, um eine Marke zu kreieren, die nachhaltig in den Köpfen der Kunden bestehen kann. Deshalb, so langweilig es auch klingt: »The product is the key.« Achten Sie darauf, dass Sie ein gutes Produkt erschaffen, das die Menschen lieben. Mit viel Glück entwickelt sich daraus eine starke Marke.

These 5: Ruhm und Reichtum werden Sie (niemals) erlangen.

Sie sollten sich nicht von Filmen wie *Wolf of Wallstreet* oder *Social Network* blenden lassen. Ebenso wenig von der Berichterstattung über millionenschwere Exits. Machen Sie Ihr Ding, arbeiten Sie hart und seien Sie im Zweifel damit zufrieden, nicht mehr zu verdienen als der Sesselpupser von nebenan. Immerhin ist es toll, sein eigener Chef zu sein. Es ist super, die Freiheit zu genießen. Und es ist schön, das zu tun, was Sie für richtig halten.

These 6: Online bringt Sie um.

Es kommt mir vor, als würde jeder einen Onlineshop eröffnen. Klar, die Fixkosten sind niedrig, die Zielgruppe unendlich groß. Aber nur die wenigsten verstehen es, Masse auf die eigene Seite zu ziehen. Deshalb: Wenn Sie vom Verkaufen im Internet nichts verstehen, lassen Sie die Finger davon und eröffnen Sie einen Laden in der Fußgängerzone. Dort kommen jeden Tag Menschen vorbei und schauen in Ihr Schaufenster. Im Netz klappt das nicht immer. Und man stelle sich vor: Auch offline haben es Menschen zu profitablen Geschäften gebracht.

These 7: Sie sind der Star.

Selbstinszenierung wird in diesem Zeitalter großgeschrieben. Dabei können Sie alles sein – Model, Make-up-Artist, Sänger, Musiker, Stuntman, Sportler oder Journalist. Stellen Sie sich ins rechte Licht und positionieren Sie sich als Experte in Ihrem Bereich.

These 8: Schreien Sie sich in die Welt hinaus.

Gerade als Start-up gibt es folgendes Problem: Niemand kennt Sie. Denn mit dem Markteintritt kommt die größte Aufgabe auf Sie zu – die Bekanntmachung. Um bei den beliebten Kids der Start-up-Szene mitmischen zu können, kann es helfen, besonders aggressiv zu werben. Wenn Sie möglichst vielen Menschen Ihre Idee unter die Nase reiben, steigt auch die Anzahl derer, die sich dafür interessieren könnten. Das Budget ist da natürlich der kleine Spielverderber. Aber auch mit Peanuts kann man sehr kreativ werden.

These 9: Normal war gestern.

Verrückt, verrückter, Start-up! Es gibt mittlerweile die verrücktesten Wege, den Leuten seine Dienste anzubieten – außergewöhnliche Dienste. Nicht immer nützlich, aber doch mit dem gewissen »Das will ich auch«-Effekt. Es wird wohl nicht mehr lange dauern, da kann man seinen Ex tatsächlich zum Mond schießen. Oder dank der passenden App wenigstens ein Bild.

These 10: Was mein ist, ist auch dein.

Im Zeitalter der Wegwerfgesellschaft und des Überkonsums stellt sich eine Frage: Muss denn wirklich alles mir gehören? Man kann nämlich mehr teilen, als man es erahnt. Seine Kleidung, Autos, Bücher, ja sogar die Wohnung kann geteilt werden. Was fällt Ihnen noch ein? Vielleicht entwickeln Sie so gleich ein neues Geschäftsmodell.

These 11: Was Sie brauchen, wird auch zu Ihnen kommen.

Alle Couch-Potatos können sich an dieser Stelle freuen. Denn der Markt der Lieferungen steigt gewaltig. Hunger? Lassen Sie doch die Nudeln einfach zu sich kommen! Ihr Lieblingsrestaurant liefert nicht? Kein Problem, da gibt es schon eine Lösung. Was können Sie liefern?

These 12: Selbst vergleichen ist vergebene Müh.

Wer sucht – der findet. Und zwar ohne großen Aufwand. Schon mal den Begriff »Metasuchmaschine« gehört? Die erledigt den Job, den Sie sonst bei Google hätten. Und vergleicht schon mal im Voraus für Sie. Keine Suchkosten, keine Zeitverschwendung. Klick, Blick, gefunden!

These 13: Die Zukunft ist – JETZT.

Man sollte heutzutage nicht mehr in gewohnten Mustern denken. Das Trendwort der Start-ups ist nämlich genau dieses: zukunftsorientiert. Auch »innovativ« et cetera bekommt man sicher öfter zu hören. Und wenn man es zugibt, so sind genau die zukunftsorientierten und innovativen Start-ups besonders erfolgreich. Man muss nicht nur Science-Fiction-Filme anschauen – man kann sie wahrmachen. Dabei muss natürlich auf technische Möglichkeiten geachtet werden. Out-of-the-box beziehungsweise out-of-the-time zu denken kann zu grenzenlosen Möglichkeiten führen – und unser Leben verändern.

These 14: Papierkram wandert endgültig in die Tonne – wenn er da nicht schon längst ist.

Alles, was wir aus Papier besitzen, ist zwar schön anzusehen, nimmt aber eine Menge Platz ein – oder sollte man lieber sagen, es »verschwendet« auch eine Menge Platz? Klar wird es immer Zeug geben, das wir in Papierform besitzen, seien es zum Beispiel Rechnungen oder Verträge. Sowohl das Internet als auch viele Produkte und zahlreiche Apps bieten uns mittlerweile die Möglichkeit, gut auf den Papierkram verzichten zu können und nebenbei Platz für Neues zu schaffen. Oder hat sich irgendwer von Ihnen noch nicht über viel zu viel Krempel beschwert? Wenn Sie sich nicht trennen können, genügt auch vorerst die Verlagerung in den Keller. Warten Sie allerdings noch ein paar Jahre mit der Entrümpelung, katapultiert sich der alte Kram vielleicht ganz von allein, ohne Ihre Bemühung, in den Müll oder in den Keller.

These 15: Geben Sie Gas.

Ihre Motivation ist entscheidend. Andere sind wichtig, aber wenn Sie selbst nicht überzeugt und motiviert sind, können Sie das Feuer auch bei niemand anderem entfachen. Was motiviert Sie? Lassen Sie dieses Gefühl andere spüren.

These 16: Die Muskeln kommen von alleine.

Keine Lust auf Fitnessstudio? Regelmäßige Tests? Kalorienzählen? Auch dafür gibt es beinahe unzählige Dienste, die beispielsweise an die anstehende Trainingseinheit erinnern, Schritte zählen, Werte messen, analysieren und Ihnen den Weg zur Bikinifigur ebnen.

These 17: Machen Sie es ohne Finanzierung, nehmen Sie Ihre eigene Kohle.

Alle Welt schreit nach Finanzierungsrunden und Geld. Venture Capital hier, Business Angels dort. Das mag zwar ganz nett sein, aber es hält Sie davon ab, wirklich Geld zu verdienen. Checken Sie Ihr Businessmodell von Anfang an und verstehen Sie, wie Sie Geld verdienen. Dann brauchen Sie auch keine oder nur eine kleine Finanzierung. Netter Nebeneffekt: Wenn es Ihre eigene Kohle ist, arbeiten Sie gleich dreimal so hart.

These 18: Sisyphus – es wird niemals enden.

Existenzgründer zu sein ist wie ewig Hausaufgaben zu haben. Sie hören nie auf, darüber nachzudenken. Abschalten wird Ihnen enorm schwerfallen. Und Sie denken immer, es gäbe noch etwas zu tun, Sie könnten Ihre Zeit sinnvoller nutzen. Glauben Sie mir, die harte Arbeit lohnt sich. Und dennoch sollten Sie versuchen, einfach ab und an alles auszuschalten, auch Ihren Kopf. Denn woher die neue Energie nehmen, wenn Sie ständig im Dauerbetrieb laufen?

Und doch ein Test

Ich bin ganz ehrlich: Mich hat es ein bisschen in den Fingern gejuckt, einen eigenen Test aufzusetzen. Lust? Dann auf geht's.

1. War Existenzgründung schon immer Ihr Traum?
   - ⭕ A: Ja, auf jeden Fall.
   - ⭕ B: Ich wollte eigentlich etwas anderes machen.
   - ⭕ C: Ich habe ab und an schon einmal darüber nachgedacht.

2. Könnte jeder das vorhaben, was Sie planen?
   - ⭕ A: Ja, auch andere könnten diese Idee haben.
   - ⭕ B: Nein, meine Idee ist einzigartig.

3. Hatte vor Ihnen schon jemand diese Geschäftsidee?
   - ⭕ A: Ja, meine Idee ist schon auf dem Markt vertreten.
   - ⭕ B: Nein, meine Idee gibt es noch nicht auf dem Markt.

4. Haben Sie Geld auf dem Sparbuch oder im Schrank versteckt?
   - ⭕ A: Ich habe keine Rücklagen gebildet.
   - ⭕ B: Ich habe Rücklagen gebildet.
   - ⭕ C: Ich habe zwar Rücklagen gebildet, brauche aber noch etwas mehr.

5. Wenn Schwierigkeiten auftreten, bleiben Sie trotzdem entspannt?
   - ⭕ A: Ja, ich behalte immer die Nerven.
   - ⭕ B: Nein, ich werde schnell nervös.
   - ⭕ C: Ich drehe völlig durch.

6. Sind Sie bereit, in den ersten Monaten vielleicht kein Gehalt zu erhalten oder nur unregelmäßig?
   - ○ A: Ja, eventuell.
   - ○ B: Ja, auf jeden Fall.
   - ○ C: Nein, nur ungerne.

7. Können Sie mit Geld umgehen oder leben Sie oft auf zu großem Fuß?
   - ○ A: Ich weiß mein Geld zu verwalten, aber an manchen Tagen achte ich nicht darauf.
   - ○ B: Ich lebe auf großem Fuß, alles, was ich schön finde, kaufe ich am Ende auch.
   - ○ C: Ich habe früh den richtigen Umgang mit Geld gelernt.

8. Haben Sie schon Erfahrungen in dem Bereich gesammelt, in dem Sie sich selbstständig machen möchten?
   - ○ A: Ja, ich habe in dem Bereich berufliche Erfahrungen sammeln können.
   - ○ B: Nein, ich konnte noch keine Erfahrungen in diesem Bereich sammeln.
   - ○ C: Ja, ich konnte einen kleinen Einblick erhalten.

9. Kommen Sie mit Ihrem Chef zurecht oder bringt er Sie öfter mal zur Verzweiflung?
   - ○ A: Ich lasse mich von keinem aus der Ruhe bringen und erledige meine Arbeit.
   - ○ B: Manchmal würde ich meinem Chef gerne meine Meinung sagen und die Arbeit liegen lassen. Aber das mache ich natürlich nicht.
   - ○ C: Wir rasseln permanent aneinander.

10. Sind Sie bereit, in den ersten Monaten täglich Arbeit in Ihre Unternehmensgründung zu stecken?
    - ○ A: Ja, aber nur bis zu einem gewissen Pensum.
    - ○ B: Nein, ich möchte auch noch ein bisschen Freizeit haben.
    - ○ C: Ja, ich bin für alles bereit, was auf mich zukommt.

11. Bringen Sie genug Leidenschaft für Ihr eigenes Unternehmen mit?
    - ○ A: Ich bin mir eher unsicher.
    - ○ B: Ich stehe voll und ganz dahinter.
    - ○ C: Nein, aber es bringt mir nun mal Geld.

12. Haben Sie für Ihr eigenes Unternehmen eine Vision?
    - ○ A: Ich kann mir noch nicht vorstellen, wo es mit meinem Unternehmen hingehen soll.
    - ○ B: Ich habe Visionen, wo ich einmal mit meinem Unternehmen stehen möchte.

13. Sind Sie bei Ihrer Existenzgründung lernwillig und flexibel?
    - ○ A: Ich bin für alles offen und nehme gerne Kritik an.
    - ○ B: Ich weiß schon alles und glaube nicht, dass ich noch von jemandem etwas lernen kann.
    - ○ C: Manchmal fällt es mir schwer, Kritik anzunehmen, aber man lernt nie aus.

14. Können Sie Ihre Zeit gut managen?
    - ○ A: Ich weiß immer, wie ich meine Termine zu planen habe.
    - ○ B: Bei mir endet oft vieles im Chaos.
    - ○ C: Selten kommen bei mir Termine durcheinander.

15. Fällt es Ihnen leicht, neue Kontakte zu knüpfen?
    - ○ A: Mir fällt es schwer, offen auf Menschen zuzugehen und neue Kontakte zu knüpfen.
    - ○ B: Ich habe kein Problem damit, Menschen anzusprechen.
    - ○ C: Ja, es fällt mir schwer, aber ich bemühe mich.

So, dann werten wir das doch mal aus. Tragen Sie einfach Ihre Punkte in die Liste ein:

Frage	A	B	C	Meine Punkte
1	3	1	2	
2	3	5		
3	3	5		
4	1	5	3	
5	3	2	1	
6	2	3	1	
7	2	1	3	
8	3	1	2	
9	3	2	1	
10	2	1	4	
11	2	3	1	
12	1	3		
13	3	1	2	
14	3	1	2	
15	1	3	2	
Summe				

51–44 Punkte

Sie sind der geborene Gründer und sollten an sich und Ihre Idee glauben. Sie sind kreativ, risikobereit und haben ein Händchen für Finanzen. Es fällt Ihnen leicht, Ideen umzusetzen und sich auf neue Dinge einzulassen. Wenn Sie so weitermachen, werden Sie bald zum Unicorn.

43–27 Punkte

Sie haben das gewisse Feingefühl, was ein GoG besitzen muss. Sie können alle Wünsche der Kunden erfüllen. Seien Sie noch risikobereiter und trauen Sie sich mehr. Sie haben vielleicht noch Schwierigkeiten, Ihre Idee richtig zu strukturieren. Entwickeln Sie einige Meilensteine, an denen Sie sich orientieren können.

26–0 Punkte

Gehen Sie nach Hause und verstecken Sie sich unter dem Bett. Nein, Sie müssen noch viel an sich und Ihrer Idee arbeiten, um ein erfolgreiches Unternehmen gründen zu können. Geben Sie nicht auf und lassen Sie den Kopf nicht hängen, arbeiten Sie weiter an sich. Dann werden Sie irgendwann mit Erfolg belohnt. Seien Sie noch mutiger, risikobereiter und holen Sie sich Unterstützung bei den verschiedensten Anlaufstellen und nehmen Sie auch Kritik an. Jeder Anfang ist schwer.

Damit Sie mitreden können

... habe ich Ihnen an dieser Stelle einige der wichtigsten Start-up-Begriffe aufgeschrieben. So haben Sie quasi immer ein paar Besserwisser-Asse im Ärmel. Ich habe einmal genau 100 dieser Begriffe zusammengetragen.

A

A/B-Test: Test zum Vergleich einer Originalversion mit einer abgewandelten Version, um zu testen, welche besser für den jeweiligen Zweck funktioniert.

Advertainment: Zusammensetzung aus *advert* und *entertainment*. Werbebotschaft, die vorrangig der Unterhaltung dient und mit viel Humor gestaltet ist.

Affiliate: Onlinevertriebsmöglichkeit, bei der Werbetreibende Weblinks auf Seiten Dritter platzieren und dadurch Geld verdienen.

Allnighter: Slang für »eine Nacht lang durcharbeiten«. Bitte davon nicht zu viele.

B

Backlink: Ein eingehender Link auf eine Webseite, der von einer anderen Webseite aus auf diese führt.

Benchmark: Auf Basis von Marktdaten Vergleiche oder auch Maßstäbe setzen.

Big Data: Große Datenmenge. Meist im Zusammenhang mit den Anforderungen der Datenbewältigung.

Blogroll: Linksammlung auf einem Blog, die auf andere Webblogs verweist.

Bootstrapping: Finanzierung durch eigenes Kapital.

Branding: Entwicklung einer Marke zu einem starken Aushängeschild des Unternehmens.

Business Angel: Person, die sich an der Finanzierung beteiligt und zusätzlich mit Know-how zur Seite steht.

Businessplan: Gründungskonzept oder auch Geschäftsplan, in dem das Geschäftsmodell und Maßnahmen erläutert werden.

Business-to-Business (B2B): Die Beziehung zwischen zwei oder mehreren Unternehmen.

Business-to-Consumer (B2C): Die Beziehung zwischen einem Unternehmen und dem Endverbraucher/Konsumenten.

Buzzwords: Schlagworte, die besondere Beachtung hervorrufen.

Business Model Canvas: Modell, in dem Schlüsselfaktoren eines Geschäftsmodells übersichtlich dargestellt werden (siehe Stufe 3).

C
Call to Action: Handlungsaufforderung.

Cashflow: Geldfluss. Positiver und negativer Cashflow als Darstellung der Liquidität.

CEO: Chief Executive Officer oder auch Geschäftsführer.

Click through Rate: CTR – Verhältnis zwischen Klicks zu reinen Werbeimpressionen.

Cofounder: Mitgründer oder Geschäftspartner.

Conversion Rate: Umwandlungsrate. Kennziffer zur Messung des Werbeerfolgs.

Copy Cat: Nachahmen oder Kopieren einer bestehenden Idee.

Corporate Design: Gesamtes, einheitliches Unternehmenserscheinungsbild.

CRM: Customer Relation Management. Prozess zur Pflege der Kundenbeziehungen.

Crowdfunding: Finanzierungsmöglichkeit, bei der Geld von einer breiten Masse gesammelt wird.

D

Disruption: Bestehendes Geschäftsmodell wird durch eine Innovation abgelöst.

Diversifikation: Veränderung/Verlagerung der Produktpolitik, um neue Vertriebswege zu schaffen.

Downsizen: Verkleinerung (beispielsweise eines bestimmten Bereichs).

Drag along: Mitnahmerecht der Investoren. Investor kann andere Gesellschafter verpflichten, bei einem Exit ebenfalls Anteile zu verkaufen.

Due Dilligence: Sorgfältige Prüfung eines Unternehmens, etwa rechtliche und wirtschaftliche Dinge.

E

Early Adopter: Frühe Anwender sind die Menschen, die meistens als Allererste neue Produkte ausprobieren. Sie dienen als Markenbotschafter, die andere Personen von dem neuen Produkt begeistern.

Eigenkapital: Meist durch den Gründer selbst aufgebrachte eigene Mittel.

Elevator Pitch: Während der Dauer einer Aufzugsfahrt Investoren von seiner Geschäftsidee überzeugen.

Exit: Ausstieg von Investoren oder Gründern mit möglichst hohen Gewinnen aus dem Unternehmen nach positiver Entwicklung.

F

Fin-Tech: Start-ups aus dem Finanzbereich mit technologischem Hintergrund.

Franchising: Vergabe von Lizenzen oder Nutzungsrechten. Eine ausgereifte Idee/ ein Geschäftsmodell wird an einen Gründer gegen eine entsprechende Gebühr abgegeben.

Freelancer: Freier Mitarbeiter. Meist projektbezogen.

Freemium: Geschäftsmodell, bei dem die Basis umsonst angeboten wird und eine Erweiterung durch eine Premiumversion zur Verfügung steht.

Fremdkapital: Von externen Geldgebern zur Verfügung gestelltes Kapital, zum Beispiel Kredite oder Darlehen.

G

Gamification: In Abläufe oder Prozesse spielerische Elemente einbauen.

Generation Y: Jahrgänge 1980 bis 1995, die dafür bekannt sind, Althergebrachtes infrage und die Arbeitswelt auf den Kopf zu stellen.

Get-together: Zusammenkommen, Besprechung.

Giveaway: Kleines Präsent als Werbemittel.

Guerilla-Marketing: Angriffsmarketing. Meist unangekündigte Marketingaktion mit viralem Effekt.

H

Hustlen: Drängen, schnell arbeiten. (Aus dem Englischen: to hustle = sich beeilen, hetzen).

I

Incentives: Motivierende Anreize. Oftmals materielle Belohnungen für ein bestimmtes Ziel.

Inkubator: Institutionen oder Unternehmen, die Start-ups einen besseren Start verschaffen sollen.

Internet of Things (IoT): Internet der Dinge. Geräte/Gegenstände mit dem Internet vernetzen.

Investitionsphase: Anfängliche Finanzierungsphase eines jungen Unternehmens.

J

Joint Venture: Ein aus zwei voneinander unabhängigen Unternehmen resultierendes Tochterunternehmen.

Just in time: Beschaffung von Materialien genau zu dem Zeitpunkt, zu dem sie gebraucht werden.

K

Keywords: Schlüsselwörter zur besseren Positionierung im Onlinemarketing.

Kick-off-Meeting: Besprechung mit allen Projektbeteiligten zu Projektbeginn.

KPI: Key-Performance-Indikator. Kennzahlen zum Messen von Unternehmenserfolgen.

L

Landing Page: Eine durch einen externen Link erreichbare Seite, die gezielten Inhalt vermittelt (beispielsweise ein E-Book).

Launch: Starten. Die Markteinführung eines Unternehmens oder eines Produktes.

Lean Start-up: Möglichkeit, sehr zeitsparend zu starten und durch Kundenfeedbacks das Produkt fortlaufend zu optimieren.

Leveragen: Ein Objekt/Tool wirksamer einsetzen.

Letter of Intend: Absichtserklärung, einseitige Willenserklärung, Interesse am Vertragsabschluss.

Liquidierung: Auflösung eines Unternehmens, Unternehmenswert auszahlen.

Long-Tail-Marketing: Auch Nischenmarketing, Konzentration auf Nischen statt auf Massenmarketing.

M

Markenfit: Die Passgenauigkeit zwischen Zielgruppe und Marke.

Marktanalyse: Bezeichnet die Informationssuche und Analyse des Eintrittsmarktes und der Konkurrenz. Sie ist ein Teil der Markforschung und des Marketings.

Marketingmix: Strategieentwicklung durch den Mix aus den vier Elementen Produkt, Preis, Distribution und Kommunikation.

Milestone: Meilenstein im Projektmanagement. Bezeichnet wichtige Arbeitsergebnisse in einem Projektprozess.

Mockup: Attrappe, Modell für Präsentationszwecke, nicht funktionsfähig.

MVP: Minimum Viable Product. Produkt mit minimalen Anforderungen und Eigenschaften. Produkt schnell mit den wichtigsten Funktionen erstellen.

N

Non-Disclosure-Agreement (NDA): Verschwiegenheitserklärung, Informationen, die nicht öffentlich gemacht werden dürfen.

Networking: Ein Netzwerk schaffen. Wichtige Geschäftskontakte herstellen.

O

Outsourcing: Reduzierung von Kosten durch Auslagerung von Aufgaben, Prozessen oder Ähnlichem.

P

Patent: Rechtlicher Schutz einer Idee.

PI: Page Impressions. Kriterium für Reichweitenanalyse der Onlineangebote.

Positionierung: Gezielte Ausrichtung in einem Markt durch Alleinstellungsmerkmale.

Private Equity: Eigenkapital von privaten oder institutionellen Investoren.

R

Roadmap: Plan, der ein Projekt in verschiedene Schritte gliedert.

Rocket Science: Schwer verständliche Wissenschaft.

ROI: Return on Investment. Renditenkennzahl, die die Ertragsfähigkeit eines Unternehmens aufzeigt.

S

Second Screen: Zweiter Bildschirm. Das Benutzen eines zweiten Bildschirms etwa neben dem Fernseher, zum Beispiel Smartphone oder Tablet.

Seed-Phase: Phase vor der eigentlichen Gründung. Hier steht die Finanzierung im Vordergrund.

SEO: Search Engine Optimization. Suchmaschinenoptimierung, ein Vorgang, um in den Suchergebnissen an vorderer Stelle zu erscheinen.

Shareholder: Anteilseigner eines Unternehmens, meistens auf börsennotierte Unternehmen bezogen.

Showrooming: Das Anprobieren/Ausprobieren von Produkten im stationären Handel, wobei das Produkt im Anschluss oft online erworben wird.

Stakeholder: Gruppen, die ein Interesse am Erfolg des Unternehmens haben, zum Beispiel Lieferanten, Investoren und Kunden.

Stealth Mode: Geheime Produktenwicklung, um die Konkurrenz abzuschirmen.

Storytelling: Eine Geschichte erzählen. Wird als Kommunikationsmaßnahme eingesetzt, um eine emotionale Bindung zum Kunden aufzubauen.

Sweet Equity: Unternehmensanteile werden an Mitarbeiter ausgegeben.

T

Tag-along-Recht: Mitveräußerungsrecht. Investor kann seine Anteile zu gleichen Anteilen wie andere Gesellschafter veräußern und geht somit beim Exit nicht leer aus.

Traffic: Verkehr. Im Internet das Aufkommen von Besuchern auf einer Webseite.

U

Unternehmenswert: In Geldeinheiten ausgedrückter Wert eines Unternehmens.

Usability: Benutzerfreundlichkeit.

User-generated Content: Von Nutzern kreierter Content, beispielsweise auf Blogs oder in Social-Media-Portalen.

USP: Unique Selling Proposition. Alleinstellungsmerkmal. Merkmal, das gegenüber der Konkurrenz einzigartig ist und so vom Kunden wahrgenommen werden soll.

UX: User Experience. Meist in Kombination mit der Website.

V

Value adden: Wert hinzufügen. Mehr produktiven Inhalt in beispielsweise eine Präsentation einfügen.

Venture Capital: Risikokapital. Eine Finanzierungsform, bei der Kapitalgeber nicht sichergehen können, ob die Investitionssumme zurückgezahlt werden kann.

Viral: Ein Post/Foto/Video oder Ähnliches, das sich in kürzester Zeit über das Internet weit verbreitet.

W

Web-Napping: Entführen beziehungsweise Stehlen von Inhalten im Internet.

Word-of-Mouth-Marketing: Mund-zu-Mund-Marketing, Verbreitung von Botschaften durch Weitererzählen.

Work-Life-Balance: Zustand, in dem Arbeitsleben und Privatleben miteinander im Einklang stehen.

Alles auf einen Blick

Ich habe mir gedacht, es wäre doch ganz schön, die wichtigsten Daten alle an einem Platz zu haben. Diese Daten habe ich in den letzten Jahren häufiger gebraucht:

Meine Geschäftsdaten:

Adresse: _____

Telefon: _____

Fax: _____

E-Mail: _____

Handelsregisternummer: _____

Datum Gewerbeanmeldung: _____

Meine Bank:

Meine Bank: _____

Mein Ansprechpartner: _____

IBAN: _____

BIC: _____

Meine Steuerdaten:

Finanzamt: _____

Mein Ansprechpartner: _____

Steuernummer/Steuer-ID: _____

Umsatzsteuer-ID: _____

Mein Steuerberater:

Name: _____

Adresse: _____

Telefon: _____

E-Mail: _____

Wichtige Kontakte:

Für mich wichtig	Für mich wichtig
Name: _____	Name: _____
Unternehmen: _____	Unternehmen: _____
Telefon: _____	Telefon: _____
E-Mail: _____	E-Mail: _____
Notiz: _____	Notiz: _____
_____	_____

Für mich wichtig	Für mich wichtig
Name: _____	Name: _____
Unternehmen: _____	Unternehmen: _____
Telefon: _____	Telefon: _____
E-Mail: _____	E-Mail: _____
Notiz: _____ _____	Notiz: _____ _____
Für mich wichtig	Für mich wichtig
Name: _____	Name: Felix Thönnessen
Unternehmen: _____	Unternehmen: Coach Felix
Telefon: _____	Telefon: +49-211-93076531
E-Mail: _____	E-Mail: info@coach-felix.de
Notiz: _____ _____	Notiz: Ein bisschen Ironie.

Meine Zugangsdaten und Passwörter (zumindest die wichtigen):

Name	Benutzername	Passwort

Meine Logo-Daten (CMYK):

Farbe 1:   _____/_____/_____/_____/

Farbe 2:   _____/_____/_____/_____/

Farbe 3:   _____/_____/_____/_____/

Meine Versicherungen:

Versicherung	Gesellschaft	Versicherungsnummer

Notizen sind wunderschön

Über den Autor

Felix Thönnessen ist studierter Diplom-Betriebswirt und bereits seit vielen Jahren ein gefragter Referent und Keynote-Speaker zum Thema Existenzgründung, der als Berater und Marketingexperte Gründer zu diversen unternehmerischen Fragestellungen berät. Darüber hinaus ist er Inhaber der Beraterfirma thoenessenpartner und fungiert bei der VOX-Sendung *Die Höhle der Löwen* als der Berater hinter den Kulissen, der die Kandidaten fit macht.

Stichwortverzeichnis